藏在
名著里的
数学 ③

中国妇女出版社

图书在版编目（CIP）数据

藏在名著里的数学．3 / 杨翊著．－－ 北京 ：中国妇女出版社，2023.3
ISBN 978-7-5127-2194-4

Ⅰ.①藏… Ⅱ.①杨… Ⅲ.①数学－少儿读物 Ⅳ.
①O1-49

中国版本图书馆CIP数据核字（2022）第191530号

选题策划：朱丽丽
责任编辑：朱丽丽
封面设计：李 甦
责任印制：李志国

出版发行：中国妇女出版社
地　　址：北京市东城区史家胡同甲24号　　邮政编码：100010
电　　话：（010）65133160（发行部）　　65133161（邮购）
网　　址：www.womenbooks.cn
邮　　箱：zgfncbs@womenbooks.cn
法律顾问：北京市道可特律师事务所
经　　销：各地新华书店
印　　刷：北京通州皇家印刷厂

开　　本：165mm×235mm　1/16
印　　张：15
字　　数：160千字
版　　次：2023年3月第1版　　2023年3月第1次印刷
定　　价：49.80元

如有印装错误，请与发行部联系

前 言

　　小时候，我看过一部用动画的形式讲解数学的动画片《唐老鸭漫游数学奇境》，让那时的我无比震惊，同时认识到数学是一门神奇的学科，也是很好玩的学科。数学并不枯燥，更不是"天书"，要想走进数学的殿堂，我们可以从兴趣这一站出发。

　　而包括中国古典名著在内的世界名著，是我们认识这个世界的一个重要窗口。

　　名著之所以是名著，就因为它已经被时间和无数读者检验，证明它是文学宝库中的精品之作。

然而名著又因为它的博大精深，让很多小读者望而却步，这才有了很多经过改编、缩减的少儿版名著。我写的这套书也可以说是用数学来重新演绎名著，小读者可以从中一窥名著的魅力，但我还是希望小读者有时间去读一读原版的名著，甚至可以对照着我写的这套书来看一看，同样的故事，名著用了怎样的语言、怎样的结构。

另外，有人可能会问：名著中真的会有数学吗?

答案是肯定的，因为数学无处不在嘛!

比如，我在本套书第 1 册讲《西游记》中的数学思维，在"多目怪藏药箱的体积"这一节写"道士拿到等子，小心翼翼地称出一分二厘"，分作十二份……《西游记》原文中是这样写的："内一女子急拿了一把等子道:'称出一分二厘，分作四分。'"

再比如，同样是这本书，"盘丝洞的蛛网数阵"一节里有这样的描述："濯垢泉流进的浴池约有五丈阔、十丈长，内有四尺深浅。"在故事中，善于观察和思考的孙悟空便就此思量起浴池的容积问题。而《西游记》

原文中是这样写的："那浴池约有五丈余阔，十丈多长，内有四尺深浅，但见水清彻底。"你们看，从数学这个角度说，我写的这一段是不是非常忠实于原著呢？而且原著中也确实如此令人惊喜地讲到了容积的数学概念。

这样的例子还有很多，我就不一一举例说明了，相信细心读书的你们一定会有所发现。

有的小读者可能还会有疑问：名著里的故事那么多，你写得也不全嘛！

的确是这样。名著动辄上百万字，我写作这套书的主要目的是以名著故事为媒介，让数学逻辑题尽可能与故事相融合，因此选取的故事也要能跟数学联系到一起，毕竟类似上面浴池的例子，名著中不可能每个故事都明确讲述。另外，限于篇幅的关系，每本书不能太厚、太吓人，否则阅读起来也会很不方便。

我写这套书，不只是为了让书里涉及的数学知识能帮你们学好数学，考出高分，更重要的是让你们喜欢上数学，爱上数学，充分感受到数学的魅力和价值！

因此，我在书里提供了开阔的数学视野、详尽的解题思路，就是为了一步一步培养和训练你们的数学思维，帮助你们攀登数学的高峰。

不过，因为要将更多的现代常用数学知识融入名著故事，我在书中会有一些杜撰的成分，比如在三国时期不可能有阿拉伯数字，更不会有 x、y 这些代数中所用的未知数，这样写是为了拉近名著、数学与小读者们的距离，希望大家可以意识到这些杜撰成分在史实中是没有的。此外，为了尽可能营造古代的氛围，我还在书中用了"时辰""石"等很多古代的度量单位，而现在这些度量单位已经废止不用了，也请大家注意。

相信我，生活是离不开数学的，数学无处不在。

希望每个人都能因为学好了数学，与数学结缘，而收获更加丰富精彩的人生。

目 录

高俅的毬箱哪个更重

北宋末年哲宗皇帝在位时，东京汴梁开封府宣武军中有一个破落户子弟，姓高，在家里排行第二，自小喜欢刺枪使棒，除了枪棒上的功夫，他还很擅长踢毬，但临门一脚总是欠些火候，而且时常踢得太高，上了人家的房顶。所以京师人为了图个"顺嘴儿"，不叫他高二，都叫他"高俅"。

宋朝年间的"足毬"跟现在的足球还是有差别的，

写起来也不一样。后来此人发迹，便将"毬"去了毛字傍，添上"单立人"，改名为"高俅"。

说到不务正业，高俅可是样样上心，什么吹拉弹唱、舞枪耍棒、吹牛抬杠……都很在行。若论仁义礼智、信行忠良，却是不会，只在东京城里城外帮闲过活，饥一顿饱一顿，倒也逍遥自在。

那时候的高俅可没多少家当，有点银子也都跟他的狐朋狗友一起胡吃海塞了，家里唯一算是家当的就是两箱毬。

装毬的两个箱子都是正方体，箱子的边长都是120厘米。而两个箱子中的毬则大小不同，分为两种。从任何一边的切面来看，第一个箱子每行三个毬，第二个箱子每行四个毬，都正好放平。

如图所示：

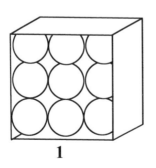
1

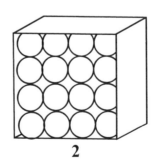
2

有一次，一个好友到高俅家做客，看到这两个箱子，就好奇地问："我看你这些毽的材料完全相同，到底哪一个箱子重一些呢？"

高俅笑道："你知道我踢毽踢得高，毽一踢上房就没得玩了，因此要多备一些毽。至于两个箱子哪个更重，我算一下就知道了。

"第一个箱子：表面上看到的这一面是 9 个毽，侧面其实也是三行三列，所以总共是 $9 \times 3 = 27$ 个毽。第二个箱子：表面上看到的这一面是 16 个毽，侧面其实也是四行四列，所以总共是 $16 \times 4 = 64$ 个毽。

"咱们再来分析每个大毽和小毽的体积：

"第一个箱子：边长 120 厘米，每行 3 个毽，所以每个毽的直径是 $120 \div 3 = 40$ 厘米，半径就是 $40 \div 2 = 20$ 厘米；根据球的体积公式 $\frac{4}{3}\pi R^3$，每个大毽的体积是 $\frac{4}{3}\pi \times 20^3 = \frac{32000}{3}\pi$。

"第二个箱子：边长 120 厘米，每行 4 个毽，所以每个毽的直径是 $120 \div 4 = 30$ 厘米，半径就是 $30 \div 2 = 15$ 厘米；根据球的体积公式 $\frac{4}{3}\pi R^3$，每个小毽的体积是

$\dfrac{4}{3}\pi \times 15^3 = 4500\pi$。

"因为大毽和小毽的材料相同，又因为总重量取决于每个毽的体积 × 总毽数，所以第一个箱子的总重量为 $\dfrac{32000}{3}\pi \times 27 = 288000\pi$，第二个箱子的总重量为 $4500\pi \times 64 = 288000\pi$。

"很明显，两个箱子的总重量是一样的。

"还有另外一种做法，就是直接算比值。两个箱子每行可容纳的毽数之比是 3∶4；箱子是正立方体的，所以两个箱子的毽数之比是 $3^3∶4^3$；因为两个箱子边长一样，3 个大毽直径 = 4 个小毽直径，所以 6 倍的大毽半径 = 8 倍的小毽半径，即大毽半径 ÷ 小毽半径 = $\dfrac{8}{6} = \dfrac{4}{3}$，即两种毽半径之比是 4∶3；则两种毽体积之比是 $4^3∶3^3$；因为总重量取决于单个毽体积 × 毽数，所以总重量之比是 $(4^3∶3^3) \times (3^3∶4^3) = 1$，即总重量相等。"

好友大为佩服，说道："高俅啊，你还是别踢毽了，不如改行去学堂教算术吧。"

"九纹龙" 史进的龙爪花绣阴影面积

史进是史家村史太公之子，梁山一百单八将中第一个出场的好汉。他是东京八十万禁军教头王进的徒弟，因为身上刺有九条青龙花绣，人送外号"九纹龙"。

其实史进本来的功夫是花拳绣腿，全仗着身上刺的九条青龙吓唬人，直到他机缘巧合，遇到了八十万禁军教头王进，才真正脱胎换骨。

王进因为得罪高太尉后逃命，偶然投宿史家庄，史进觉得他本领高强，便想拜王进为师。

王进看史进虽然功夫差劲，但身体素质不错，有意收他为徒，还想看看史进聪不聪明，有没有习武的悟性，于是指着史进肩头一个龙爪花绣图案（如下页图所示）问道：

"这个龙爪图形其实是四个圆接在一起，假设每个圆的半径都是 1 寸，你可知道图中阴影部分的面积是多少？"

史进也不含糊，当即让下人拿来笔墨，在纸上画出肩头的龙爪图案，然后画出了辅助线（如下图所示）：

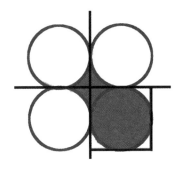

这几条线堪称"画龙点睛"之笔。画完后，史进立马发现这个图形是一个中心对称图形，过中心做十字分割，中间的阴影刚好被分割成四部分，可以拼到圆的四个角上，阴影部分加上圆可以拼成一个正方形。

求阴影面积相当于求正方形的面积。

史进于是便轻松地说道："王教头请看，圆的半径是 1 寸，直径是 2 寸，也就是正方形的边长，因此正方形的面积是 $2 \times 2 = 4$（平方寸）；所以，图中阴影部分的面积是 4 平方寸。"

"孺子可教也。"王进欣然收下了史进。史进从此学到了货真价实的功夫。

后来，少华山的三位头领"神机军师"朱武、"白花蛇"杨春、"跳涧虎"陈达来华阴县借粮，史进活捉了陈达，于是朱武、杨春自缚来降，史进被三人的义气感动，便与他们结交。

　　不料结交之事被一个猎户揭发，向官府报告。华阴县县令派兵包围史家庄，史进和朱武、陈达、杨春一起杀退了官兵。但史进不愿跟朱武他们落草为寇，独自一人远去渭州寻师，路上又认识了鲁达，二人一见如故，结为异姓兄弟。

鲁提辖买肉

这天话说渭州经略府提辖鲁达跟"九纹龙"史进以及"打虎将"李忠在潘家酒楼饮酒。三人正吃得高兴，却被隔壁卖唱的金氏父女的哭泣声搅了兴致。鲁达把父女俩叫来一问，原来金老汉的女儿金翠莲被迫嫁给郑屠为妾，后来又被其妻赶出门，反倒要在酒楼卖唱还钱给郑屠。

鲁达听后勃然大怒，当场便要去找郑屠麻烦，被史进、李忠苦苦劝住了。三人合伙凑了十五两银子给金氏父女做盘缠，让父女俩离开渭州到别处做个小买卖过活。三人又喝了几杯，便离开潘家酒楼，在街头分手。鲁达胸中的闷气还未消，便一路溜达着来到了郑屠开的肉铺前。他还算冷静，并没有立刻施威，而是先琢磨着找个什么借口来寻郑屠的晦气。

"提辖请坐。"郑屠看鲁达脸色不善，忙拽过一条板凳，请鲁达坐了。

鲁达也不客气，坐下后一望肉铺里的那些肉，忽然有了主意，就问："你这儿的瘦肉和肥肉哪个贵啊？"

"瘦肉贵，价格是肥肉的两倍。"郑屠不敢欺瞒提辖，老老实实地作答。

"好，那我就要十斤精瘦肉，切作臊子，不要见半点肥腥儿在上面，听到没？"

"听到了，听到了，您那么大嗓门隔两条街都听到了。"郑屠听了鲁达的要求不免有些抵触，因为要切成臊子，那是很费刀工的。

没办法，这里人人都知道鲁提辖惹不起啊！

郑屠赶紧吩咐手下道："你们快选上好的精瘦肉按提辖说的切十斤去。"

谁知鲁达把手一拦，翘起二郎腿，笑眯眯地说："这些小徒弟切的肉，我不放心，还是掌柜你亲自来吧。只有你的刀工我才放心。"

"得嘞，小人亲自给大人切就是了！"郑屠虽然已经做了肉铺掌柜，但毕竟是靠切肉起家的，说干就干，撸胳膊挽袖子，从肉案上拣了十斤精瘦肉，细细切作臊子。

这切肉还真是个辛苦活儿，郑屠整整切了半个时辰，才算切完，关键是鲁达一直在旁边瞪着大眼珠子盯着，郑屠不敢马虎。郑屠把切好的肉用荷叶包了，问道："提辖，找个伙计给您送家去吧？"

鲁达竖起眉毛道："送什么？！赶客人啊？我还没要完呢！再要十斤都是肥的，不要见半点瘦的在上面——也要切作臊子。"

郑屠不解地问道："提辖大人，您刚才要精瘦的，怕是府里要裹馄饨包饺子用，这肥的臊子何用？"

鲁达把眼珠子一瞪："你管呢？我乐意，就爱吃这口儿！"

"得得，当我没说，小人切便是了。"

当当当……郑屠挥舞着刀，手腕子都剁酸了，终于把十斤实膘的肥肉也细细地切作臊子，用荷叶包好了。

"好吧，结账吧。"鲁达把一贯（1000文）钱交给郑屠，郑屠找给鲁达100文钱。

鲁达笑道："你这肉可不便宜啊。"

"小本买卖，挣个辛苦钱。"郑屠满脸堆笑地说。

鲁达收起笑容，瞪起眼珠："你之前说，瘦肉的价格是肥肉的2倍，所以我要瘦肉和肥肉各10斤，就相当于我花的钱一共买了肥肉30斤。刚刚我交给你1000文，找回100文，即实际花费 $1000 - 100 = 900$（文），则每斤肥肉价格为 $900 \div 30 = 30$（文），每斤瘦肉价格为 $30 \times 2 = 60$（文），对不对？"

"太对了！"郑屠依旧笑道，"提辖聪明过人，希望以后多光临小店，多照顾小店生意。"

鲁达道："那我就再让你辛苦辛苦……我再要十斤寸金软骨，也要细细地剁作臊子，不要见半点肉在上面。"

郑屠终于忍耐不住了，斜着嘴问道："提辖，你不是特地来消遣我的吧？"

鲁达听了立马从板凳上跳起来，拿着那两包臊子在手，瞪着眼瞅郑屠，说道："洒家就是特地要消遣你！咋地吧？"

说话间，鲁达把两包臊子劈面打过去，这"暗器"厉害，浇了郑屠一头一脸的"肉雨"。郑屠大怒，一团怒火从脚底板直冲脑瓜顶，当即也不管不顾了，从肉案上抄起一把剔骨尖刀，就跳了出来。

鲁达知道肉铺里耍不开身，早拔步在大街上。

左右邻里和郑屠手下的伙计们看到这阵仗，哪个敢上前来劝？两边过路的行人也都立住了脚观望。

郑屠右手拿刀，左手便来揪鲁达的衣襟，却被鲁达就势按住左手，抬腿往郑屠小肚子上踢一脚，郑屠就倒在大街上。

鲁达再进一步，踏住郑屠的胸脯，提着醋钵儿大小的拳头，看着郑屠道："洒家从最底层小衙役做起，打拼多年，才做到关西五路廉访使，都不敢叫作'镇关西'！你一个卖肉的屠户，也配叫'镇关西'？还有，你如何强骗了民女金翠莲？"

说话间，鲁达"扑"地挥出一拳，正打在郑屠鼻子上，打得他鲜血迸流，鼻子歪在半边，像是开了个油铺，咸的、酸的、辣的一齐滚出来。

郑屠倒在当街，挣扎不起来，那把尖刀也丢在一边，嘴里还硬："打得好！"

鲁达骂道："臭小子！还敢应口！"说话间，提起拳头就照郑屠眼眶眉梢又是一拳，打得他眼棱开裂，乌珠迸出，也似开了个彩帛铺，红的、黑的、紫的都绽放出来。

郑屠终于挨不过打，开始求饶了。

鲁达喝道："呸！你这个破落户！若只和俺硬到底，洒家便饶你了！你如今对俺讨饶，洒家偏不饶你！"

鲁达又出一拳，正打在郑屠太阳穴上，好像做了一出全堂水陆的道场，磬儿、钹儿、铙儿一齐响。

鲁达再要打，却发现郑屠已经挺在地上，口里只有出的气，没有进的气，动弹不得。

鲁达知道不妙，口中还假装说："你这厮诈死，洒家再打！"

只见郑屠的脸色都开始渐渐地变了。

鲁达寻思："我本想教训他一顿，不想三拳真打死了他。洒家肯定要吃官司，为这恶人吃官司忒不值得，不如及早走吧。"

想到这里，鲁达拔脚便走，回头还不忘把戏做足，手指着郑屠道："你诈死！洒家回头再和你慢慢理会！"

鲁达一边骂，一边大步离去。

自测题

果冻帮妈妈去肉店买肉，得知肥肉 20 元一斤，瘦肉 30 元一斤，他先各买了一斤，又把肥肉换成了瘦肉。你知道他总共买回家多少斤瘦肉吗？总共花了多少钱？

因为有一个换肉的过程，相当于先把肥肉换成20元，再用这20元买瘦肉，那么用这20元能买多少瘦肉呢?

瘦肉30元一斤，相当于每一元能买$\frac{1}{30}$斤，那么20元能买$20 \times \frac{1}{30} = \frac{2}{3}$（斤）；

则总共买的瘦肉是$1 + \frac{2}{3} = 1\frac{2}{3}$（斤）；

总共花的钱数就是$20 + 30 = 50$（元）。

所以果冻总共买回家$1\frac{2}{3}$斤瘦肉，总共花了50元钱。

话说鲁达为了躲避官府缉捕，便出家做了和尚，法名智深。这天，鲁智深在去往东京的途中，路过瓦罐寺，饥饿难耐的他，本想进寺化一顿美味的斋饭，却不曾想，这寺庙十分冷清破败，里里外外不是燕子粪，就是蜘蛛网。正所谓家徒四壁，全部家当算下来还不如鲁智深兜里的银子多。

化不到缘不说，鲁智深还被几个老僧缠住了，请求他帮忙主持公道。原来鲁智深一副正气凛然的模样，看了就让人觉得可以托付。

鲁智深也真是古道热肠，见几个老僧说得可怜，仔细一问，这才知晓——有一僧一道两个恶人结伙而来，他们凭着一身好武艺，霸占了这座瓦罐寺，让好好的一座寺庙破败成如今这个样子。其中那个僧人叫作"生铁佛"崔道成，道人叫作"飞天夜叉"丘小乙。

　　"好，我就去找他们问个清楚，真如你们所说，我就替天行道！"

　　当鲁智深找到崔道成和丘小乙的时候，这对恶僧恶道正在花天酒地。赤手空拳的崔道成，面对身材魁梧、横眉立目、手拿水磨禅杖前来质问的鲁智深，眼珠一转，计上心来，先是虚情假意地请鲁智深饮酒，接着说：

　　"大师请听我解释，敝寺本来富得流油，还有好几亩田产，原来僧人虽少，但大多年富力强，老和尚只占

全部僧人的 $\frac{1}{4}$，可现如今，老和尚们已经占到了 $\frac{3}{4}$。坏就坏在外面那新来的 16 个老和尚身上，他们不做早课，不打理良田，每天就知道吃酒赌钱，长老都管不了他们，他们还把长老排挤出去，所以寺庙才荒废了。小僧和这个道人是新来的，正打算重整寺规，建盖殿宇呢。"

丘小乙则说："崔和尚已经把事情经过交代清楚了，却没有说明现在寺里老和尚多少人，年轻和尚多少人，总共有和尚多少人……我来补充补充。"

鲁智深一扬手说道："不必了，我已经知道了。"

"哦？大师如何知晓？"

鲁智深道："假设原来寺里总人数是 x 人，后来加入了 16 个老和尚，总人数变为（x + 16）人，老和尚人数也由原来的占全寺人数的 $\frac{1}{4}$ 变成了占全寺人数的 $\frac{3}{4}$。但在此过程中，年轻和尚的人数没有发生改变，因此可以根据这个条件列出下面的等式：

"$(1 - \frac{1}{4}) x = (1 - \frac{3}{4}) (x + 16)$；

"解得 x = 8（人）；

"现在总人数：8 + 16 = 24（人）；

"现在老和尚人数：$24 \times \dfrac{3}{4} = 18$（人）；

"现在年轻和尚人数：24 − 18 = 6（人）。对不对？"

"对对对，大师如此聪慧，更不能被那些老和尚骗了！"

崔道成、丘小乙又是溜须拍马又是敷衍塞责，一番花言巧语搪塞了鲁智深，将毁寺的责任一股脑儿推到一众老僧身上。

鲁智深于是去找老僧们对质，当意识到自己上当受骗后，再来寻崔道成和丘小乙，崔、丘二人早已朴刀在手，准备联手双战鲁智深。

一边是酒已足、饭已饱，一边是饥未餐、渴未饮；一边是以逸待劳，一边是长途跋涉；一边是四手，一边是双拳。渐渐地，鲁智深有些支持不住，只得虚晃一杖，夺路而逃。

鲁智深一口气跑出了好几里地，崔、丘二人才不再追赶。喘息方定的鲁智深，见前面一处赤松林中，有人探头探脑。鲁智深正生闷气，还以为对方是贼人，就不问情由，吵吵嚷嚷地与那人又斗了十数回合。

倒是那人听出了鲁智深的声音，方才停手罢斗。原来那人正是"九纹龙"史进。自渭州一别之后，史进寻访师父不着，盘缠用尽，不得已才在这赤松林里拦路行劫，恰巧遇上鲁智深。正是人生何处不相逢！

史进身边带着干粮，兄弟二人大吃一顿后，鲁智深恢复了体力，于是二人重回瓦罐寺。这一回双方人数均衡，再加上史进和鲁智深技高一筹，终于结果了恶僧恶道。

自测题

原来班上男生占总人数的 $\frac{6}{11}$，后来新转来 5 个男生，男生占总人数比值的分子和分母都加了 1。你们知道现在班上男生多少人，女生多少人，总共多少人吗？

　　新转来5个男生，男生占总人数比值的分子和分母都加了1，相当于是$\frac{7}{12}$，设原来班上总人数是x人，增加5个男生，总人数变为（x + 5）人，男生人数也由原来的占总人数的$\frac{6}{11}$变成了占总人数的$\frac{7}{12}$。但在此过程中，女生的人数没有发生改变，因此可以根据这个条件列方程：

$(1 - \frac{6}{11})$ x ＝ $(1 - \frac{7}{12})$（x + 5）；

解得 x ＝ 55（人）；

现在总人数：55 + 5 ＝ 60（人）；

现在男生人数：$60 \times \frac{7}{12}$ ＝ 35（人）；

现在女生人数：60 － 35 ＝ 25（人）。

所以，现在班上男生35人，女生25人，总共60人。

倒拔垂杨柳和植树问题

鲁智深因为智真长老的一封举荐信，得以在东京大相国寺安身。但住持也知道鲁智深的底细，这位曾经的鲁提辖，因为打死了人，不得已才落发为僧，又不守清规戒律，得了个"花和尚"的诨名，这样的人实在不好约束。如果鲁智深再带坏寺里其他和尚，更加不成体统，于是便叫鲁智深去酸枣门外岳庙隔壁，单独管理一片菜园。那里也是寺庙的资财，又远离寺庙，正是安置鲁智深的绝佳所在。

鲁智深能够享有自由，不必听住持的啰唆，每日还可以呼吸到菜园子里的新鲜空气，倒也乐意。

其实那菜园子并不好管，为什么呢？原来附近有一伙整天游手好闲、四处捣乱的泼皮无赖。无赖们为首的人物有两个，一个叫作"过街老鼠"张三，一个叫作"青草蛇"李四。

张三、李四见鲁智深初来乍到，就想了个计策，要给这大和尚来个下马威。

　　鲁智深到了菜园子，刚给自己收拾出一间房，把行李铺盖安置好，就见园子里多了许多不三不四的小混混，心里就加了警惕。待鲁智深巡视到浇菜用的粪池边，那伙泼皮就一拥而上，想要把鲁智深掀进粪池。可是这帮泼皮无赖哪里是鲁智深的对手，鲁智深一个打他们十个都绰绰有余。

　　泼皮们被打服了，要拜鲁智深为师。鲁智深也不真收徒弟，只是正好缺些打杂的，便叫他们一同看管菜园，每日浇水施肥，鲁智深自己落了个清闲自在！

　　这天，泼皮们备好酒菜，宴请鲁智深。

　　鲁智深是个无酒肉不欢的人，吃得正开心，忽听园子里有乌鸦叫，他有些不快，就问泼皮们是怎么回事。

　　张三说："园中的杨柳树上新添了一个乌鸦巢，每日从大清早一直叫到晚上，很是晦气。"

　　鲁智深说："这还不好办，给它来个连窝端！"

　　张三说："好啊，师父，我这就去跟邻居借一架梯子，爬上去把那鸟巢拆了，好让耳根清净。"

李四插话说："三哥，不用那么麻烦，我直接爬上树就是了。"

鲁智深拍着胸脯道："我有个更加简捷的办法……"说着，鲁智深就大步走进园子，直奔墙角边的杨柳树而来。

只见鲁智深把外套一脱，两只手搂住树干，猛地把腰一提，"呼啦"一下，竟然将那株碗口粗的杨柳树连根拔起！泼皮们一个个看得目瞪口呆。突然，菜园子围墙的豁口外面有人长长叫了一声"好"。只见那人说着话，大步走进了菜园子，要跟鲁智深结交。

鲁智深见那人生得豹头环眼，燕颔虎须，八尺长短的身材，三十四五的年纪，身着官服，也是一副英雄的相貌。

泼皮们都认得，急忙给鲁智深引荐："这位官人不得了，是东京八十万禁军枪棒教头林武师，名唤林冲。"

鲁智深也做了自我介绍，两人便在倒下的杨柳树旁席地而坐，称兄道弟，相谈甚欢。

末了，林冲指着一旁被拔倒的树说："这位师父，你的本领很大，只是白白拔掉一棵大树，不免可惜。"

鲁智深说："林教头真是宅心仁厚，对树尚且如此，对人只有更甚，你这个知己我是交定了！这树倒了，却也不难，我再栽上几棵就是了。"

林冲笑道："正好，我看这菜园子中适合栽树的空地就是围墙边的夹道，绕着围墙一圈下来夹道应该有一百米长，倘若每隔两米栽种一棵，应该够了。咱们前人栽树，让后人乘凉，也是功德一件啊！"

鲁智深问道："要栽多少棵树呢？"

林冲道："这种植树问题，先要判断是什么情况。拿这个园子来说，沿围墙夹道栽树，这是在封闭曲线上植树，适用的公式为棵数＝段数，棵距 × 段数＝总长。已知总长是 100 米，棵距是 2 米，所以，段数＝ 100 ÷ 2 ＝ 50，则棵数＝ 50。我想总共要栽 50 棵树，师父看是不是太多了？"

"不多，不多！"鲁智深摆手笑道，"我天生力大无穷，再加上这些小的们，根本就是小菜一碟！"

自测题

在长 26 米的走廊墙上，要挂宽度为 1 米的名人画像 8 幅，要求走廊墙壁两头与画的距离、画与画之间的距离相等。你们知道间距是多少米吗？

植树问题

植树问题是在一定的线路上，根据总路程、间隔长和棵数进行植树的问题。

植树问题通常可以通过画图，比如树用点来表示，植树的沿线用线来表示，这样就把植树问题转化为一条非封闭或封闭的线上的"点数"与相邻两点间的线段数之间的关系问题。

植树问题公式如下。

两端都植：

距离 ÷ 间隔长 + 1 = 棵数；

间隔长 × (棵数 - 1) = 全长；

只植一端：

距离 ÷ 间隔长 = 棵数；

两端都不植：

距离 ÷ 间隔长 - 1 = 棵数。

当然，具体问题还要具体分析。

因为画像与画像之间、走廊墙壁两头与画像之间都有间距，这样先求总共间距的数目：

画像之间的间距数是 $8 - 1 = 7$（个），

两端的画像与走廊两头的间距数是 $1 \times 2 = 2$（个），

总间距数目就是 $7 + 2 = 9$（个）。

这些间距占用的总距离就是走廊的长度减去所有画像宽度之和：

即 $26 - 8 \times 1 = 18$（米）。

所以每个间距是 $18 \div 9 = 2$（米）。

"豹子头"林冲智解九宫格

话说"豹子头"林冲因为京师人称"花花太岁"的高衙内三番两次地调戏自己的夫人，碍于他是高俅的干儿子，不好处置，正生闷气，忽然看到街头有一大汉在卖祖传宝刀。

林冲的爱好之一就是收藏宝刀，高俅府中有一把宝刀，轻易不肯给人看，林冲几次借看都没有借到，心痒难耐。林冲是识货的，一眼看出大汉卖的刀是真宝刀，虽然没亲眼见过高俅的宝刀，但想来应该不会输给高俅那把。

林冲因为存了这份攀比之心，就想把刀买下，于是上前问价。

大汉在地上画了个九宫格（如下页图所示），说道："请您把1～9这9个数字分别填入九宫格内，每行三个格子组成一个三位数，要求第二行的三位数刚好是第一行的三位数的两倍，而第三行的三位数刚好是第一行的三位数的三倍，我这口宝刀的价格就是第三行的三位数的两倍。当然，答案总共有四种，你可以任选一个付钱。"

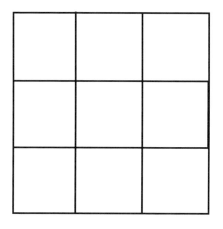

林冲一算，还真是有四种答案，如下所示：

1	9	2
3	8	4
5	7	6

2	1	9
4	3	8
6	5	7

2	7	3
5	4	6
8	1	9

3	2	7
6	5	4
9	8	1

林冲仔细观察，又发现这四组九宫格第一行的三个数相加都是 12，第二行的三个数相加都是 15，第三行的三个数相加都是 18，居中的 15 比 12 多 3，又比 18 少 3，1~9 累加是 45，15 还是 45 的三分之一，真是神奇的九宫格！

这里最小的第三行三位数就是 576，那么宝刀的价格是 $576 \times 2 = 1152$ 贯钱。

林冲又不是土财主，当然要选最便宜的，也就是第三行的三位数最小的那一个。不过林冲还是嫌贵，于是讨价还价道："这样吧，把那些零头都抹去，我给你 1000 贯！"

大汉像是急等钱花，也不再啰唆，叹口气，道："金子当作生铁卖了！罢了，罢了，就 1000 贯，您一文钱也不要再少了。"

林冲怕对方变卦，赶紧结账，提刀走人。

次日，有太尉府的下人来找林冲："林教头，太尉听说你买了一口好刀，叫你拿去比一比。"

林冲心里犯起嘀咕：也不知道是谁多嘴，太尉怎么这么快就知道我新得了一把宝刀？但林冲并不疑有他，还是带上宝刀，跟来人去见太尉。

太尉府很大，很多地方林冲也没去过，被来人带着转来转去，顿觉晕头转向，好不容易走进一个被绿色栏杆围起来的地方，来人让林冲在此稍候，他进内禀告。

一盏茶的时间过去了，还不见太尉出来。林冲生疑，掀起门帘往内堂看去，忽然瞥见檐前额上有四个青字：白虎节堂。

林冲猛省道："这白虎节堂乃是商议军机大事的要地，我怎么会到了这里？哎呀！这里是不能带刀的啊！"

林冲急待回身，只听得身后脚步声响，一个人从外面进来，正是高俅。

高俅喝道："林冲！我没唤你，你居然擅闯白虎节堂！你手里拿着刀，莫非要来行刺本官？！"

高俅叫左右把林冲拿下，此时林冲才知道中计，只可惜手中有刀，百口莫辩。

野猪林的"猪吃草"问题

　　林冲因为误入白虎节堂，遭到高俅的陷害，被刺配沧州。陆谦又奉高俅之命，收买了负责押解林冲的差人董超、薛霸，让他们在半路上暗害林冲。

　　正好是六月天气，暑热难耐，道路崎岖，再加上林冲一路上被董超、薛霸用棍棒殴打，生了棒疮，一步挨一步，走得越来越慢。

　　薛霸道："姓林的，你可真不懂事！此去沧州二千里有余，像你这样乌龟爬一样地走路，几时能到?！"

　　林冲哀求道："小人在太尉府里已经挨了打，这几天又挨你们的打，现在棒疮发作，天气又这般炎热，自然走不了太快，还请两位官爷多多担待！"

　　董超、薛霸既收了高俅的好处，哪管林冲的哀告，反而变本加厉，先是晚上假装好心，帮林冲泡脚，用的却是滚烫的开水，把林冲的双脚烫出一串串大燎泡；白天再假装好心，给林冲买了一双新草鞋，新草鞋不合脚，上面的稻草粗糙尖锐，扎在燎泡上，痛上加痛！

这正是龙游浅滩遭虾戏，虎落平阳被犬欺！堂堂八十万禁军教头，竟落得这样凄惨的境地。

这天，林冲跟跟跄跄地跟随两个差人来到了一处

险峻猛恶的林子，正是野猪林。此地前不着村，后不挨店，荒无人烟，一看便是那坏人为非作歹之地。

林冲到了此地，不禁倒吸一口凉气，脚下更是苦不堪言。

进了野猪林，没走一会儿，两个差人假意说要在这里打个盹儿，便拿出绳索把林冲结结实实地绑在一棵大树上。

绑好林冲后，董超说："我听人说林教头不但武艺高超，还精通算术，我便出个题目，你若答得出来，我便让你多休息片刻！"

林冲早就累坏了，忙说："官爷请出题目，小人一定尽力回答。"

董超手指林子深处说道："这野猪林里的浆果、草叶、草根等物都是野猪的食物，它们匀速生长，可供29头野猪吃10天，或供24头野猪吃20天，那么可供23头野猪吃多少天？"

林冲答道："官爷，这道题属于算术中的'牛吃草'问题，解题思路是：假设每只野猪每天吃食物的量为1份，根据题目给出的两次不同的吃法，求出野猪林里原有的食物总量和食物每天的生长量。然后再设未知数，列方程，求出 23 头野猪吃几天就好。这里原有的食物总量和食物每月的生长量是不变的（匀速生长）。套用'牛吃草'问题的基本公式：设定一头牛一天吃草量为 1，草的生长速度 =（较长时间 × 较长时间牛头数 - 较短时间 × 较短时间牛头数）÷（较长时间 - 较短时间），原有草量 = 牛头数 × 吃的时间 - 草的生长速度 × 吃的时间，吃的天数 = 原有草量 ÷（牛头数 - 草的生长速度），牛头数 = 原有草量 ÷ 吃的天数 + 草的生长速度，草总量 = 原有草量 + 草每天生长量 × 天数。

"生长速度 =（较长时间 × 较长时间猪头数 - 较短时间 × 较短时间猪头数）÷（较长时间 - 较短时间）=（20×24 - 10×29）÷（20 - 10）=（480 - 290）÷10 = 190÷10 = 19，原有食物总量 = 较长时间 × 较长时间猪头数 - 较长时间 × 生长速度 = 20×24 - 20×19 = 100。

"假设 23 头野猪吃 x 天，那么 23 头野猪吃 x 天的食物量为原有食物总量与 x 天新生长出的食物量之和，据此列出方程：100 + 19x = 23x，解得 x = 25（天）。

所以野猪林里的食物可供 23 头野猪吃 25 天。"

薛霸笑道："不知道这里的食物可供林教头吃几天呢？"

董超也立刻翻脸道："对不住了，林教头，拿命来吧！这样你就可以永远在此休息了。"说着，他举起水火棍便朝林冲脑袋上劈落。

千钧一发之际，突然从林冲背后伸出一副六十二斤重的水磨镔铁禅杖，架开了水火棍，原来这人就是鲁智深。他担心林冲有难，一路暗中跟随，这时候见差人要下杀手，才跳出来相救。

两个差人自然不是鲁智深的对手，很快被打服了，这之后林冲才得以一路平安。

自测题

牧场上有一片青草，每天生长得一样快。这片青草供给 9 头牛吃可以吃 20 天，供给 13 头牛吃可以吃 10 天，在放牧期间一直有草在匀速生长。这片青草如果供给 15 头牛吃，可以吃多少天呢？

牛吃草问题

也叫牛顿问题。牛每天吃草，草每天在匀速生长。解题环节主要有四步：

1. 求出每天长草量；

2. 求出原有草量；

3. 求出每天实际消耗原有草量（牛吃的草量－生长的草量＝消耗原有的草量）；

4. 最后求出牛可吃的天数。

基本公式：

（1）草的生长速度＝（较长时间×较长时间牛头数－较短时间×较短时间牛头数）÷（较长时间－较短时间）；

（2）原有草量＝牛头数×吃的时间－草的生长速度×吃的时间；

（3）吃的天数＝原有草量÷（牛头数－草的生长速度）；

（4）牛头数＝原有草量÷吃的时间＋草的生长速度。

（5）草总量＝原有草量＋草的生长速度×天数

把 9 头牛 20 天吃的总量与 13 头牛 10 天吃的总量相比较，得到 $9 \times 20 - 13 \times 10 = 180 - 130 = 50$，相当于 50 头牛 1 天吃的草量，平均分到 $20 - 10 = 10$ 天里，$50 \div 10 = 5$，便得到 5 头牛一天吃的草量，也就是每天新长出的草量。

原有草量＝吃的时间 × 牛头数－吃的时间 × 草的生长速度 $= 20 \times 9 - 20 \times 5 = 180 - 100 = 80$；

设 15 头牛吃 x 天，那么 15 头牛吃 x 天的草量为原有草量与 x 天新生长出的草量之和，据此列出方程：

$80 + 5x = 15x$；

解得 $x = 8$（天）。

所以这片青草如果供给 15 头牛吃，可以吃 8 天。

话说"青面兽"杨志虽然经历过大风大浪，却在小河沟里翻了船，弄丢了花石纲，只得硬着头皮去见高太尉，结果被革除职务，赶出了殿帅府。

杨志心中抱怨：我本来指望把一身本事奉献给朝廷，博个封妻荫子，也为祖宗争口气，却不想被人扫地出门！

没几天的工夫，杨志身上的盘缠就花光了，眼看就要露宿街头，他寻思道："怎么办呢？我浑身上下只有祖上留下的这口宝刀，虽然舍不得，但如今事急无措，只得拿去街上变卖，得千百贯钱钞好做盘缠，再投往他处安身。"

杨志将宝刀插了草标，上街市去卖刀，辗转来到了天汉州桥。

杨志站了没多久，只见两边的小贩"呼啦"一下都跑了。见杨志无动于衷，一个小贩好心劝道："你怎么还站着？快躲起来！大虫来也！"

杨志道："这不是胡说八道嘛！这等市井繁华之地，哪里会有大虫？"

杨志当下立住脚张望，只见远远地真有一个庞大的身躯在逼近，却不是老虎，而是一个黑大汉。那大汉吃得半醉，一步一颠地走过来，等那人走近了，杨志才认出他是京师有名的泼皮破落户，叫作没毛大虫牛二。此人专在街上撒泼行凶，已经连续做下了几件官司，开封府都治不了他，所以小贩们见他来都躲了。

牛二走到杨志面前，从杨志手里把那口宝刀扯出来，问道："汉子，你这刀卖多少钱？"

别人怕牛二，可杨志艺高人胆大，毫无惧色。看对方有几分醉意，杨志趁机提价道："这是我祖上留下的宝刀，要卖3000贯。"

牛二喝道："什么破刀要卖这许多钱？你是不是想坑我啊？我30文买一把，也切得肉，也切得豆腐！你的刀到底有什么好处，怎敢叫宝刀？"

杨志道："洒家的刀可不是普通的白铁刀。这真的是宝刀。"

牛二道："怎地唤作宝刀？"

杨志道："第一件，砍铜剁铁，刀口不卷；第二件，吹毛得过；第三件，杀牲口刀上不沾血珠。"

牛二道："你敢剁铜钱吗？"

杨志道："有何不敢，你拿铜钱来，我剁给你看。"

杨志为什么要让牛二拿铜钱呢？因为杨志现在身上是分文没有。

牛二也不傻，咋舌道："噢，你要剁我的铜钱，万一真剁碎了，我岂不是白白损失了好几枚铜钱？这样吧，我最爱吃隔壁摊贩的油炸臭豆腐，这豆腐可不一般，炸出来金灿灿的，口感很硬，正好试一试你的宝刀，即使剁碎了也好将臭豆腐下口，两不耽误，你看怎样？"

杨志倒不在乎，剁铜钱是剁，剁臭豆腐也是剁，只要能卖出宝刀，怎样都好，于是欣然同意。

牛二便买来了一大块硬邦邦的油炸臭豆腐，请杨志试刀。杨志也不废话，唰唰唰手起刀落，一共下了6刀，把它切成每边长1寸的小正方体（如下页图所示）。

试过之后，牛二拍手叹服："果然是宝刀啊！"

"那你可要买刀？"杨志问道。

牛二根本拿不出 3000 贯，顾左右而言他道："等等，你看这块油炸臭豆腐被你切成了 27 个小豆腐块。你若能说出四面有金皮的小豆腐块有几块，三面有金皮的小豆腐块有几块，两面有金皮的小豆腐块有几块，一面有金皮的小豆腐块有几块，每一面都没有金皮的小豆腐块有几块，我就买你的刀！"

杨志迫于生计，只好又开动脑筋。他想，除了要计算一眼看得到的面，还要计算隐藏在背后和里面的面。

算了好一阵，杨志才得出答案：

四面有金皮的小豆腐块数为 0；

三面有金皮的小豆腐块数为 8；

两面有金皮的小豆腐块数为 12；

一面有金皮的小豆腐块数为 6；

每一面都没有金皮的小豆腐块数为 1。

牛二听到正确答案后，又要杨志将另外两种试刀的方法都试一遍，还要强抢宝刀。杨志与牛二争执起来，不料失手打死了牛二。杨志主动前往官府自首，最终被判北京大名府留守司充军。

数学小魔术

这个小魔术可以让你成为读心术大师哟!

让你的小伙伴默想一个数,因为后面还要做一系列计算,所以这个数最好不要太大。

比如你的小伙伴想到的是23,让他在纸上默默写下这个数,不要被你看到。

与此同时,你在一张小纸条上写下3,折叠好,也不要让对方看到。

接下来,你让对方把那个数翻一倍,再加上6,得到的数再减一半,再减去那个数,这时候你让对方说出最终的计算结果。同时你把小纸条展开,让对方看到这个数——3,早就被你写出来了。

是不是这么灵呢?咱们来测试一下。

比如小伙伴想到的23,翻一倍是46,46 + 6 = 52,52 − 26 = 26,26 − 23 = 3。

即使这个数是1000照样可以,翻一倍是2000,2000 + 6 = 2006,2006 − 1003 = 1003,1003 − 1000 = 3。

魔术背后的奥秘到底是怎样的呢?让我们来揭秘吧:

假设这个数是任意一个数,我们用 x 来代替;

翻一倍是 2x,2x + 6 = 2x + 2×3;

这时减一半相当于除以 2，即（2x + 2×3）÷2 = x + 3；

再减去那个数，相当于 x + 3 − x，可不就等于 3 嘛！

看到没有？魔术有时候就是在故弄玄虚，但如果不掌握相应的数学知识，你就无法识破这个魔术的奥秘。

托塔天王晁盖和智多星吴用的灯塔诗谜

话说晁盖本是山东郓（yùn）城县东溪村的保正、本乡财主。人长得孔武有力，如铁塔一般高大，绰号"托塔天王"。

这个绰号是怎么得来的呢？

原来，郓城县东门外有东溪、西溪两个村子，两村中间隔着一条大溪。传说西溪村经常闹"鬼"，一到夜晚就有一个长发白衣女子四处飘游，吓得西溪村的村民晚上都不敢出门。据说这里曾是一个王公家女儿的坟冢，因此村民们便称白衣女子为"西溪公主"。有个僧人便教村民凿了一座青石宝塔镇在溪边，这边确实不闹"鬼"了，但把"鬼"赶到了东溪村。晁盖得知后大怒："这不是损人利己吗？不行，我这个保正可要主持公道！"

于是晁盖凭借一身骁勇，独自一人蹚过大溪，把青石宝塔夺了过来，托到东溪村。为了震慑人心，他还在七层宝塔的各层点上了红灯，远远看去，红光一片，西溪村的村民也不敢再来把青石宝塔夺回去了。

就因为晁盖有"托塔"的壮举，从此，当地人都称他为"托塔天王"。

晁盖的名气越来越大，吸引了"智多星"吴用、"入云龙"公孙胜、"赤发鬼"刘唐和阮氏三兄弟都来投奔他。

后来，"智多星"吴用还特意为这座青石宝塔作了一首诗：

青石巍巍塔七层，红光点点倍加增。

共灯三百八十一，试问顶层几盏灯？

晁盖看了便问："这首诗里是不是有什么古怪？又

是 7，又是 381，是不是暗含了数字谜？"

吴用笑道："大哥果然眼光独到。将这首诗翻译成大白话就是：七层宝塔，从塔顶到塔底，每下一层，红灯数加倍，比如顶层是 1 盏灯，第二层就是 2 盏灯，第三层是 4 盏灯……以此类推。现在总共有红灯 381 盏，问顶层有几盏灯？大哥可知道如何计算？"

晁盖转着眼珠说："都说你是'智多星'，其实大哥我的智慧也不少。你这个题目我会做！先计算各层倍数和是 1 + 2 + 4 + 8 + 16 + 32 + 64 = 127，顶层的红灯盏数是 381 ÷ 127 = 3（盏）。所以顶层有 3 盏灯。"

吴用大笑："大哥厉害，这回是小弟无用了。小弟愿追随大哥，赴汤蹈火在所不辞！"

　　有一座九层宝塔，从塔顶到塔底，每下一层，红灯数翻 3 倍，比如顶层是 1 盏灯，第二层就是 3 盏灯，第三层是 9 盏灯……以此类推。现在总共有红灯 19682 盏，问第二层有几盏灯？

先计算各层倍数和为 $1 + 3 + 9 + 27 + 81 + 243 + 729 + 2187 + 6561 = 9841$；

顶层的红灯盏数为 $19682 \div 9841 = 2$（盏）；

第二层翻 3 倍后，即 $2 \times 3 = 6$（盏）。

所以第二层有 6 盏灯。

"插翅虎"雷横智猜骰子

话说郓城县离梁山泊不远，新到任的知县名叫时文彬。他手下有两个巡捕都头很厉害，一个是马军都头，叫作"美髯公"朱仝（tóng）；一个是步军都头，叫作"插翅虎"雷横。两人都有一身好武艺，在县中专管擒拿盗贼。那时梁山贼子的名号已经分外响亮，时知县为人谨慎，担心本乡本土也受梁山的波及，盗贼会愈加猖獗，于是安排朱仝、雷横两个都头分两路在县中加强巡逻。

雷横当晚便带了二十名士兵出东门，一路巡查无事。雷横见士兵们无聊，便想出一个题目，打算让士兵动动脑子，活跃一下气氛。

"我说，你们发现没有？咱们今天走的巡逻路线恰好是一个直角三角形，已知两条直角边的长度分别是 3 里地和 4 里地，你们谁能算出咱们今天巡逻总共走了多少里地？”

一名士兵说：“都头，答出来可有奖赏？”

雷横见说话的正是自己最看不上的一个小兵，不信他能答上来，于是慷慨说道：“答出来奖你一锭雪花银！”

那名士兵别的本事没有，却偏偏爱看算经，刚好看过勾股定理的篇章，坦然说道：“都头，您出的题目用到了勾股定理：在任何一个平面直角三角形中的两直角边的平方之和一定等于斜边的平方。即在△ABC中（如下图所示），∠C＝90°，两条直角边是a和b，斜边是c，则$a^2 + b^2 = c^2$。在今天的巡逻路线里，a、b分别是3里和4里，所以斜边c是5里（3的平方是9，4的平方是16，二者相加是25，25是5的平方）。所以咱们今天巡逻的总里数是3＋4＋5＝12（里）。”

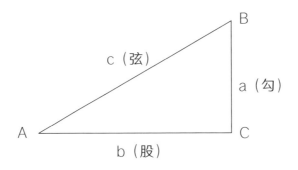

雷横见小兵答对了，不禁有些郁闷，赔了银子便准备回县衙交班。路过东溪村的灵官庙前，雷横忽然发现殿门没关，而且里面还隐隐传出打呼噜的声音。

雷横心中生疑，带几个士兵走进灵官庙里一看，发现一个大汉打着赤膊，正睡在神像前的供桌上。那人鬓边有一处红色印记，形迹十分可疑。于是众人一拥而上，将那大汉绳捆索绑。

　　这大汉便是"赤发鬼"刘唐，原本是来找晁盖做一笔"大买卖"的，因为天晚找不到店家投宿，就睡在了灵官庙中。雷横一行人押着刘唐，路过东溪村保正晁盖家，晁盖好客，把雷横请进去，并安排上好的酒食款待雷横。喝酒时，晁盖听说了雷横在灵官庙捉到贼人的事情，便留了个心眼，陪了几杯酒之后，借口上茅房，来到门房里察看被吊起来的刘唐。

　　两人交谈起来，刘唐说自己有一条财路，想跟晁盖一起做。晁盖立刻自认了身份，并且与刘唐约定：两人假装认作舅甥之亲，以便晁盖向雷横求人情，放了刘唐。

　　之后，一场假认亲的好戏上演了。雷横信以为真，想要放了刘唐，又有些犹豫。

　　晁盖知道雷横最好赌，于是说："我这里有一枚骰子，做工精细，它由六个面组成，六个面分别写着甲、乙、丙、丁、戊、己，我给你看四次它转到的不同侧面，如果你能猜出甲、乙、丙三面对面的文字都是什么，就算我输。"

"输了有何惩罚？"雷横一听有赌局，整个人都兴奋了，两眼直放光，真要插着翅膀飞起来似的。

晁盖说："认罚十两纹银。"

这个数目本就对雷横很有诱惑力，再加上他刚刚赔了一锭雪花银，正想翻本，当即同意跟晁盖打赌。

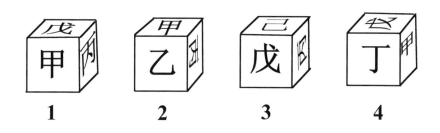

雷横不愧是玩骰子的高手，只看了四次，很快就推断出骰子上甲、乙、丙三面的对面是什么文字。

雷横从图1看出甲对面的文字是丙右边的文字，再从图3发现丙右边的是己，所以甲对面的文字是己；

从图2可以看出乙对面的文字是甲上面的文字，再从图4发现甲上面的是戊，所以乙对面的文字是戊；

从图1可以看出丙对面的文字是甲左边的文字，再从图4发现甲左边的是丁，所以丙对面的文字是丁。（另外，这个可以用排除法，只剩下丁。）

所以甲、乙、丙三面的对面分别是己、戊、丁。

晁盖认赌服输，立刻奉上了十两雪花银。

雷横拿人家的手短，也做顺水人情，把刘唐放了。

1.有一个六面的骰子，骰子的六面分别是1、2、3、4、5、6。下面给出三种位置关系，你们能不能猜出1、2、3的对面分别是几？

第一种：正面2，顶面1，侧面3；

第二种：正面1，顶面6，侧面3；

第三种：正面6，顶面4，侧面3。

2.一名园艺师在草地上用锄草机走出一个直角三角形，已知斜边走了13米，一条直角边比斜边少走1米，你们知道另外一条直角边他走了多少米吗？

1. 这道题没有给出图示，所以需要具备抽象思维能力。

第一种：正面 2，顶面 1，侧面 3；

第二种：正面 1，顶面 6，侧面 3；

第三种：正面 6，顶面 4，侧面 3。

由以上三种位置关系，发现一条共性，就是它们的侧面都是 3，而正面或顶面都是 1、2、4、6 中的两两组合，说明 1、2 的对面就是 4 和 6，那么用排除法，3 的对面只能是 5；

由第二种和第三种位置关系，即正面 1、顶面 6、正面 6、顶面 4，说明 1 和 4 都跟 6 挨着，那么用排除法，6 的对面只能是 2；

那么剩下的 1 的对面就是 4。

所以 1、2、3 的对面分别是 4、6、5。

2. 根据勾股定理，$13^2 - (13-1)^2 = 169 - 144 = 25$；

另外一条直角边的平方是 25，所以这条直角边的长度是 5 米。

数学小知识

勾股定理

勾股定理是一个基本的几何定理，指直角三角形的两条直角边的平方和等于斜边的平方。中国古代称直角三角形为勾股形，并称直角边中较小者为勾，另一长直角边为股，斜边为弦，所以称这个定理为勾股定理。也有人称之为商高定理，因为周朝时期的商高提出了"勾三股四弦五"的勾股定理的特例。

不谋而合的是，其他数学家也在很早的时期就证明了该定理。在西方，最早提出并证明此定理的是公元前 6 世纪古希腊的毕达哥拉斯学派，他们用演绎法证明了直角三角形斜边平方等于两直角边平方之和。

阮氏三兄弟分鱼

阮氏三兄弟是阮小二、阮小五、阮小七的并称。据说阮氏兄弟原有七人，都以打渔为生。他们自幼养成天不怕、地不怕、不怕官家和渔霸的豪侠性格。兄弟七人曾因不堪忍受渔霸的残酷剥削和官府的横征暴敛，联合渔民，杀渔霸，抗渔捐，劫富济贫，才招致官兵缉捕。一场鏖战，七兄弟中四人战死，只有"立地太岁"阮小二、"短命二郎"阮小五、"活阎罗"阮小七逃脱生还下来。

自此，三兄弟更加亲密无间，有什么事情哥儿仨都一起干，有了好东西也是哥儿仨一起分享。

有一次，他们出江捕鱼，一网下去捞了不少鱼，满载而归。

到了码头，三兄弟累得都躺在渔船上睡觉。睡到半夜，阮小二先醒了，他想把鱼分了。正好有一个小乞儿路过，于是阮小二把其中一条鱼给了小乞儿，剩下的鱼刚好平均分成三堆，他把自己那堆装到了一个桶里，封好了桶盖，接着去睡觉。

　　过了一会儿，阮小五醒了。他看到两堆鱼，觉得不对，打算重新分。阮小五将鱼平均分成三堆后，正好分完，然后他把自己那堆装到了一个筐里，再用油纸盖上，接着去睡觉。

又过了一会儿，阮小七醒了。他看到两堆鱼，也觉得不对，打算重新分。阮小七刚好将鱼平均分成三堆，然后把自己那堆装到了一个麻袋里，接着去睡觉。

谁知道第二天，三兄弟睡醒后，发现船上的鱼全不见了。

阮小五说："肯定是被人偷去了！"

阮小七抱怨道："早知道应该留一个人看着。"

阮小二则说："不管怎样，先要弄清楚原来至少有多少条鱼！"

三个人把夜里各自干的事情一说，阮小二便分析道："我知道了！这堆鱼正好可以被咱哥儿仨 3 次平均分成 3 份，因此，鱼的数目至少有 $3 \times 3 \times 3 = 27$（条），但是鱼的数目并非 3 次都被平均分成 3 份，而是第一次在给了小乞儿 1 条后才被平均分成 3 份的。因此，鱼的数目可能是 $27 + 1 = 28$（条）。验算一下：$28 \div 3 = 9$ 余 1，多余的一条给了小乞丐，这时候，三堆鱼每堆都是 9 条，我拿走自己那份，还剩下 $9 \times 2 = 18$ 条。

"小五把 18 条鱼重新分成三堆，每堆是 6 条，小五拿走自己那份，还剩下 6×2 = 12 条；小七把 12 条鱼重新分成三堆，每堆是 4 条，小七拿走自己那份，还剩下 4×2 = 8 条，符合昨晚的经过；所以原来至少有 28 条鱼。"

自测题

　　果农给四所希望小学送来了一车苹果，每所学校都能分到同样多的苹果，其中一个校长把分给该校的苹果又平均分给了四个年级，一个年级组长又把分到该年级的苹果平均分给了四个班，一个班主任又把分到该班的苹果平均分给了四个小组。你们知道这一车苹果最少有多少个吗？

因为分了四次，每次都能平均分成四份，正好分完；

所以这车苹果至少有 4×4×4×4 = 256（个）；

验算一下：

第一次，每所学校分到 256÷4 = 64（个）；

第二次，每个年级分到 64÷4 = 16（个）；

第三次，每个班级分到 16÷4 = 4（个）；

第四次，每个组分到 4÷4 = 1（个）。

所以这车苹果最少有 256 个。

智取生辰纲和百人争窝头歌谜

　　杨志卖刀时，因泼皮牛二强抢宝刀，所以他失手杀了牛二，自首后被发配到大名府留守司充军。那留守名叫梁中书，是太师蔡京的女婿，他看重杨志的能力，把他提拔为管军提辖。后来梁中书为给蔡京贺寿，搜刮了十万贯金银珠宝，号称"生辰纲"，命杨志送往东京。

　　这天正是炎炎夏日，还有半年才会进入寒冬腊月。红日当空，又没半点云彩，酷热难耐。杨志尽忠职守，拿着藤条监督挑生辰纲的士兵们沿着山间崎岖小路负重前行。

　　中午，一行人来到了黄泥岗上，疲惫不堪的士兵们实在难以忍受酷热，便都睡倒在树荫下，任凭杨志如何鞭打，一个个还是不起身。

　　面对气急败坏的杨志，老都管首先发难道："你这么苛刻，谁还愿意跟你干活儿？你自己不挑担，站着说话不腰疼！"

一席话抢白得杨志哑口无言。

杨志心想：此地虽然不宜久留，但不让士兵们歇歇，他们真要是撂挑子不干了，别说遇到劫匪，就算自己一个人把这么多担子担下山，也是不可能的。

杨志不再鞭挞士兵，自己也找了个阴凉地，坐下休息。

正在此时，对面黑松林里有人探头探脑地张望。杨志十分警觉，一个鲤鱼打挺跳起身，抄起朴刀就赶入了黑松林，只见松林里一字排开七辆小木车，有七个人在那里打着赤膊乘凉。杨志疑心重，走上前盘问。

那七个人神态自若，自称是从濠州去东京贩枣子的商家，因为天热，在此乘凉。杨志仔细察看一遍，没有发现异常，这才放下心来，回到自己的队伍中。

这时，远远的又走来一个肌肤雪白但长相有些獐头鼠目的汉子。他挑着一副担桶，桶里散发出浓郁的酒香，边走还边唱着山歌："八十窝头百人争，大人六个吃得撑，小人九人分两个，大小人儿各几丁？"

白肤汉子唱完歌，又喊道："谁要能解开我歌中的秘密，我就送他美酒喝。"

一个士兵馋那酒香，刚要起身，就被杨志喝止了："不许去！不要贪这种小便宜，保不齐是人家的诡计。"

这边杨志手下的士兵不敢动弹，那边贩枣子的商家中可走出一个铁塔般的壮汉。

"你说解出你歌中的秘密就能白送我酒喝？"

"那可不，不过大家都把便宜占了，我这酒卖给谁去？只能是第一个解谜的人可以白喝一瓢酒。其他人想喝，还是得买。"

"懂了，我已经解出来了。"

铁塔壮汉当即把解法说了："这首歌翻译成大白话就是——有100个人分80个窝头，正好分完。其中大人一人分6个，小孩9人分2个，试问大人、小孩各有几人？

"这道题如果用分组法来解，由于大人一人分6个窝头，小孩9人分2个窝头。合并计算，即9个小孩加1个大人为一组，他们共吃8个窝头。这样，80个窝头分给100个人正好分10组，10个人一组，100个人正好10组，组数相同。而每一组中恰好有1个大人，所以可以算出大人有10人，每一组中又有9个小孩，从而可知小孩有 $10 \times 9 = 90$（人）。

"验算一下：大人10（人）＋小孩90（人）＝100（人），大人吃的窝头有 $10 \times 6 = 60$（个），小孩吃的窝头有 $90 \times \frac{2}{9} = 20$（个），共吃了 $60 + 20 = 80$（个）窝头。

"这道题如果用方程来解，可以设大人有x人，则小孩有 $(100 - x)$ 人，根据题意列出方程：$6x + \frac{2}{9}$

$(100 - x) = 80$，解方程得 $x = 10$（人），所以大人有 10（人），孩子有 $100 - 10 = 90$（人）。"

白肤汉子也是个爽快人，当即开了一个酒桶盖，从桶里舀了满满一瓢酒递给铁塔壮汉。铁塔壮汉咕嘟咕嘟把整瓢酒都灌进肚子，还美滋滋地咂着嘴说："好酒啊，太好喝了！"

铁塔壮汉当即把他那六个伙伴都招过来，商议凑钱买酒吃。

刚刚起身的那名士兵抱怨道："你看看，便宜都让人家占去了，再不凑钱买酒，酒可就让枣贩子们喝光了！"

杨志不说话，只把凶狠的目光瞪向那名士兵，同时说："酒里下了蒙汗药怎么办？"

这时候，戏剧性的一幕上演了：铁塔壮汉拿出伙伴们凑在一起的酒钱递给白肤汉子，可突然间，一个红头发的汉子趁机在另外一只桶里舀了一瓢酒，拔腿就走，边走边喝。白肤汉子刚要追，又一个文气的汉子瞅准机会，拿着瓢也去桶里舀了一瓢酒。文气汉子端着瓢眼瞅要喝，却被白肤汉子赶上去，劈手将瓢夺了过来，把瓢里的酒倒回桶里，又把瓢丢在地上。

白肤汉子骂道："你们这帮人简直就是匪徒！早知道不卖你们酒吃了！"

铁塔壮汉不服气地争论："我给的钱是整整一桶酒的钱，可刚刚我解开你歌中的谜题，理应白送我一瓢酒，可那瓢酒也是从我们买的桶里舀的，我的小伙伴现在从你另外一个桶里舀了一瓢，刚好扯平。"

白肤汉子想了想，觉得铁塔壮汉的话并无毛病，于是不再计较，准备挑担子继续赶路。

士兵们看到枣贩们大口喝酒，再加上那酒香钻进了每个士兵的鼻子眼，馋虫勾起来就压不回去了。而且枣贩们喝了酒一点事都没有，说明酒是好酒，没有下过蒙汗药。

士兵们于是央求老都管帮着出面向杨志求情。其实这些经过杨志也看在了眼里，眼见那七个枣贩吃了一桶酒没事，连另外一桶中的酒也试喝了一瓢，同样也没事。他思前想后，这才同意士兵们去买剩下的一桶。士兵们欣喜若狂，把钱凑齐正要买酒，白肤汉子故作赌气地说："不卖给你们，你们的头儿说这酒里有蒙汗药……"

反倒是那七个枣贩过来帮士兵们讲情,将白肤汉子推到一边,还拿些枣子给士兵们下酒。士兵们于是先舀了两瓢,让老都管和杨志先喝。老都管迫不及待地喝了下去,杨志却将酒放在一边不喝。士兵们可管不了那么多,争先恐后地将一桶酒喝了个精光。杨志看众人喝了都没事,自己也觉得暑热难耐、口渴难熬,于是拿起酒喝了半瓢。

白肤汉子收了钱,依旧唱着山歌,挑着空桶走了。

不一会儿,杨志等人就头重脚轻,一个个栽倒在地。七个枣贩笑呵呵推出车子,将枣子全部倒在地上,然后将生辰纲全部装上了车,推着小车扬长而去。

瘫软在地的杨志,眼睁睁看着他们远去的身影,大呼上当,然而身体丝毫动弹不得,这就叫"心有余而力不足"。

到底是怎么回事呢?原来,这正是晁盖一伙设的圈套,那铁塔壮汉就是"托塔天王"晁盖,白肤汉子是"白日鼠"白胜,红头发的是"赤发鬼"刘唐,文气汉子就是出了这个点子的"智多星"吴用。

那么蒙汗药是如何下的呢？刘唐在另外一只桶里舀了一瓢酒，拔腿就走，边走边喝，白胜随即作势要追，吴用便瞅准这个机会，暗中取出蒙汗药，倒在瓢里，然后拿着瓢也去桶里舀了一瓢酒，此时瓢里的酒和药已经混合在一起了。

吴用端着瓢假装要喝，却被白胜赶上去，劈手将瓢夺了过来，把瓢里的酒倒回桶里，又把瓢丢在地下。白胜嘴上还在埋怨枣贩贪小便宜，但八人心里都知道，那剩下的一桶酒，已经变成了货真价实的蒙汗药酒了！

自测题

有一个亲子夏令营，大人加上孩子总共 50 人，到了晚餐时吃披萨，大人一人分到 2 个披萨，孩子 4 人分 1 个披萨，总共 65 个披萨，刚好分完。你们知道大人和孩子各有多少人吗？

方法一，用方程解。

设大人有 x 人，则孩子有 (50 − x) 人，根据题意列出方程：

$$2x + \frac{1}{4}(50 - x) = 65,$$

解方程得：x = 30（人），

所以大人有 30 人，

孩子有 50 − 30 = 20（人）。

方法二，用分组法解。

由于大人一人分到 2 个披萨，孩子 4 人分 1 个披萨。我们可以把 4 个孩子与 6 个大人编为一组，这样每组 4 + 6 = 10 个人刚好分 1 + 6×2 = 13 个披萨，那么 50 人总共分为 50÷(4 + 6) = 5 组，65 个披萨也可以分为 65÷13 = 5 组，5 组对 5 组，因为每组有 6 个大人，所以总共有 5×6 = 30 个大人；又因为每组有 4 个孩子，所以有 5×4 = 20 个孩子。

找你的小伙伴一起来做这个游戏吧!

游戏准备:

如图所示的座位表。

游戏人数:

一人、两人或多人。

游戏规则:

4对夫妇结伴去看戏。他们坐在同一排,但是没有一对夫妇是挨着坐的。另外有一男一女分别坐在座位两端。这4对夫妇分别是:王英和扈三娘、孙新和顾大嫂、张青和孙二娘、武大郎和潘金莲。

他们的座位满足下列条件:

1. 潘金莲和王英中有一人坐在最旁边的位子上;

2. 张青夫妇的中间坐着王英;

3. 张青和潘金莲间隔了一个座位;

4. 孙二娘坐在孙新夫妇间(三人不一定挨着);

5. 扈三娘坐在其中一端的倒数第二个;

6. 武大郎和王英间也隔了一个座位;

7. 相对于左端,孙二娘离右端更近一点。

请排出这8人的座位表。看看谁排得最快?

舞台							
1	2	3	4	5	6	7	8

参考答案（答案不唯一）：

舞台							
1	2	3	4	5	6	7	8
潘金莲	顾大嫂	张青	王英	孙二娘	武大郎	扈三娘	孙新

仗义疏财的宋公明借出了多少钱

宋江，字公明，绰号呼保义、及时雨、孝义黑三郎。其中最有名的绰号还是"及时雨"，这个绰号是怎么得来的呢？

原来宋江极其重视兄弟情义、英雄义气，经常帮助别人，扶危济困，就如同一场久旱逢甘霖的及时雨。

宋江的名号越来越响亮，一传十，十传百，百传千，来找宋江求助的人也越来越多。

一天，一个穷困潦倒的江湖侠士找到宋江。

宋江先招待他在酒楼大吃了一顿，又问他接下来的打算。如果他想要当差，宋江会负责修书推荐；如果他想要做买卖自食其力，宋江就借他一笔本钱。

"我……我想做买卖。"侠士嗫嚅地说。

"做买卖好啊，本钱就包在我身上了。"宋江慷慨地说。

"那个……"侠士憋红了脸蛋，像是有什么难言之隐。

"没关系，在我这里不必拘束，有话但说无妨！"宋江说道。

"我想做……大买卖。"

"明白了，想多借点本钱是吧？这样吧，你说个数好了。"

侠士唯唯诺诺地说："是个六位数……"

"然后呢？"

"每相邻 3 个数的和是 16……十位上是 7，个位上是 8……"侠士把想借的钱数的最末两位数字说了，高位的数字说什么也不好意思说。

宋江脑子一转，就知道那个六位数是多少了：

首先，这个六位数的十位与个位数字之和是 7 + 8 = 15，因为每相邻 3 个数的和是 16，所以百位就应该是 16 − 15 = 1；然后，百位与十位数字之和是 1 + 7 = 8，那么千位上的数字应该是 16 − 8 = 8；千位与百位数字之和是 8 + 1 = 9，那么万位上就应该是 16 − 9 = 7；同理可以推断出，十万位上的数字是 1，所以这个六位数是 178178。

宋江爽朗地拍拍侠士的肩膀，说："原来是 178178 啊！早说嘛，虽然钱数大了点，但谁让我宋江的朋友多呢！我会想办法帮你筹措的，等我的好消息！"

自测题

有一个六位数，每位数字都不一样，而且个位和万位数字相加得 9，十位和千位数字相加得 9，百位和十万位数字相加得 9，十位数比百位数大 1，个位数比十位数大 1，百位数和千位数相加得 8，前三位里十万位的数最大。你们知道这个六位数可能是多少吗？

先列出和为 9 的几种可能：

0 + 9 = 9,

1 + 8 = 9,

2 + 7 = 9,

3 + 6 = 9,

4 + 5 = 9,

而后三位又一个比一个大，前三位十万位的数最大，所有数都不一样，所以符合题意的有下面几个六位数：

312678,

423567,

201789。

三碗不过冈和武松打酒

武松原本是清河县人氏，因醉酒打人投奔到柴进庄上避难一年多。后来偶遇宋江，与宋江相伴十几日后，武松思乡心切，又听说被打的人已经没事了，便要回清河县看望哥哥。于是，武松辞别了宋江、柴进，独自上路。

这天，武松来到了阳谷县境内。晌午时分，武松走得肚中饥渴，正巧前面有一个小酒馆，挑着一面招徕客人的酒幌子，上面写着五个大字——"三碗不过冈"。

武松一看就乐了，因为他自信酒量过人，这酒馆是怎么个"三碗不过冈"？武松很想见识见识。于是武松掀开门帘，进到酒馆里面挑了个雅座坐下，把随身携带的兵器——哨棒也靠墙倚好了，叫道："掌柜，快拿酒来吃。"

店掌柜端出三只瓷碗，一双竹木筷子，一碟热菜，

放在武松面前，先满满倒了一碗酒。武松拿起碗一饮而尽，叫道："这酒好生有气力！掌柜，有饱肚的荤菜吗？再买些下酒吃。"

店掌柜道："只有熟牛肉。"

武松道："那就挑好的切二三斤来下酒。"

店掌柜见武松胃口大，赶紧好好伺候着，从里面切出二斤熟牛肉，摆了一大盘子，端出来放在武松面前，随即再倒了一碗酒。

武松吃了道："好酒！"

店掌柜又倒了一碗酒。

恰好吃了三碗酒，店掌柜却再也不来倒酒。

武松敲着桌子，不解地问："掌柜，怎么不来倒酒啦？怕我没有银子不成？"当即把两锭雪花大白银砸在桌子上。

店掌柜赔笑道："客官，你如果要肉我立马添来。"

武松道："我也要酒，我也要肉。"

店掌柜摇头道："肉便切来添与客官吃，酒却不能再添了。"

武松不解地问道："为什么啊？"

店掌柜怕武松不识字，问道："客官，您进店时可曾看到店门前酒幌上面写着'三碗不过冈'？"

武松点头道："看是看见了，我就是看见那奇怪的酒幌才进来的。但不知道为什么唤作'三碗不过冈'呢？"

店掌柜颇为得意地笑道："俺家的酒虽是村酒，却比得上老酒的滋味。但凡客人，来我店中能吃上三碗的便醉了，过不去前面的山冈。因此唤作'三碗不过冈'。"

武松笑道："原来是这个意思啊。我已经吃了三碗，如何不醉？"

店掌柜道："我这酒叫作'透瓶香'，又唤作'出门倒'。初入口时，醇浓好吃，过上一阵便倒。"

武松乐了："你这酒外号倒挺多！"接着他跳起身，来到酒缸前，看那酒缸旁的墙壁上挂着两柄舀酒用的勺子，分别注明了容量，各自能舀 7 两和 11 两酒。武松眼珠一转，计上心来。

"掌柜，你既然不允许我再喝酒了，我就买 2 两酒带走！这总成了吧？"

店掌柜皱眉道："这不好打啊……您买 7 两、11 两，或是 7 和 11 的倍数，我都能卖您！"

"不，我偏要买 2 两，不多不少就 2 两！"

"客官，您这不是难为人吗？这我办不到啊。"

"好，如果我能办到，你就要继续卖我酒喝！"武松说。

店掌柜不信武松能办到，就答应了。谁知武松真的用这两柄勺子舀出了 2 两酒。

那么武松是如何凭借那两柄 7 两和 11 两的勺子舀出 2 两酒的呢？

原来，武松充分利用现有的两种勺子——7 两的小勺子和 11 两的大勺子，来回倒腾，不但要算加法，还要算减法，通过几个来回，就得到了 2 两酒，具体步骤如下：

首先，武松用小勺子舀两勺酒倒入大勺子中，将大勺子倒满时，小勺子中就剩下 3 两酒。

$7 \times 2 - 11 = 3$；

接着，武松将大勺子倒空，再把小勺子中的 3 两酒倒进大勺子中，再舀两小勺子酒倒入大勺子，将大勺子倒满时，小勺子中还剩 6 两酒。

$7 \times 2 - (11 - 3) = 6$;

最后，武松再将大勺子倒空，把小勺子中剩余的 6 两酒倒入大勺子，然后舀一小勺子酒将大勺子装满，小勺子中剩下的就是 2 两酒。

$7 - (11 - 6) = 2$。

店掌柜只得再给武松倒酒。就这样，武松前前后后共吃了十八碗酒，终于酒足饭饱，拿起哨棒，摇摇晃晃地立起身来，嘴里还在逞强："掌柜，什么……'三碗不过冈'，实在……夸张，我还是没……醉！"此时的武松已然是口齿不清，脚下蹒跚，他晃晃悠悠地走出门来，就要奔景阳冈而去。

自测题

有两个装满了 8 两酒的酒瓶和一个 3 两的空酒杯，你们知道如何平均分给 4 个人喝吗（4 个人的杯子大小不一，虽然容量都大于 4 两，但具体容量不清楚）？

为了方便说明，我们先把 2 个酒瓶和一个 3 两空酒杯分别编号：A（满 8 两）、B（满 8 两）、C（空 3 两）。四个人各自的酒杯：1 号酒杯、2 号酒杯、3 号酒杯、4 号酒杯。

第一步：用 A 倒满 C，把 C 里的 3 两倒入 1 号酒杯。结果：A 剩 5 两，B 满 8 两，C 空，1 号酒杯 3 两。

A	B	C	1号	2号	3号	4号
5	8		3			

第二步：用 A 再倒满 C，把 A 剩下的 2 两倒入 2 号酒杯。结果：A 空，B 满 8 两，C 满 3 两，2 号酒杯 2 两，1 号酒杯 3 两。

A	B	C	1号	2号	3号	4号
	8	3	3	2		

第三步：把 C 里的酒倒入 A，从 B 里倒满 C。结果：A 剩 3 两，B 剩 5 两，C 满 3 两，2 号酒杯 2 两，1 号酒杯 3 两。

A	B	C	1号	2号	3号	4号
3	5	3	3	2		

第四步：再把C里的酒倒入A，再从B倒入C。结果：A剩6两，B剩2两，C满3两，2号酒杯2两，1号酒杯3两。

A	B	C	1号	2号	3号	4号
6	2	3	3	2		

第五步：再把C里的酒倒入A，此时，A只能倒8两，于是，C里还剩1两，倒入1号酒杯。结果：A满8两，B剩2两，C空，1号酒杯4两，2号酒杯2两。

A	B	C	1号	2号	3号	4号
8	2		4	2		

第六步：把B里剩的2两倒入C，再从A里把C倒满，此时，瓶里的酒分别为A剩7两，B空，C满3两，1号酒杯4两，2号酒杯2两。

A	B	C	1号	2号	3号	4号
7		3	4	2		

第七步：把C里的酒倒入B，从A倒满C，此时，瓶里的酒分别为A剩4两，B剩3两，C满3两，1号酒杯4两，2号酒杯2两。

A	B	C	1号	2号	3号	4号
4	3	3	4	2		

第八步：再把C里的酒倒入B，再从A倒满C，此时，A剩1两，B剩6两，C满3两，1号酒杯4两，2号酒杯2两。

A	B	C	1号	2号	3号	4号
1	6	3	4	2		

第九步：把A里的1两倒入3号酒杯。从C里把B倒满，C中剩1两，倒入4号酒杯。结果：A空，B满8两，C空，1号酒杯4两，2号酒杯2两，3号酒杯1两，4号酒杯1两。

A	B	C	1号	2号	3号	4号
	8		4	2	1	1

第十步：从B倒满C，把C里的3两倒入3号酒杯，再从B倒满C，把C里的3两倒入4号酒杯，把B里剩下的2两倒入2号酒杯。结果：四只酒杯各4两。

A	B	C	1号	2号	3号	4号
			4	4	4	4

武松打虎时刻表

话说武松刚从小酒馆出来，店掌柜就赶出来叫道："客官，哪里去？"

武松立住了，问道："叫我做什么？我又不少你的酒钱。"

店掌柜说："我是好意提醒客官，如今前面的景阳冈上出了一只吊睛白额老虎，晚上要出来伤人，已经伤了三十多条人命。官府下令让猎户捉虎，在未捉到前，往来行人要结伙成队，在巳、午、未三个时辰过冈，其余寅、卯、申、酉、戌、亥六个时辰不许过冈。"店掌柜一指屋瓦上的日晷，"现在是未时七刻时分，我怕你一个人过冈枉送了性命。不如就在我店里歇息，等明日慢慢凑够了三十人，大家伙一齐过冈。"

武松听了，笑道："你别欺我是外地人，我其实是清河县人氏，这景阳冈上少说也走过了一二十遭，几时有过老虎？你休说这般鬼话来吓我！——便真有老虎，我也不怕！"

店掌柜还在苦劝："我是好意救你，你不信，进来看官府的榜文嘛。"

武松哼了一声，道："我知道你的如意算盘，想诓我在你店里住下，多挣一份住店费是吧？"

店掌柜生气了："壮士既然不信我，非要去喂老虎，那就请便！"一面说，一面摇着头，径自回店里去了。

武松提了哨棒，紧了紧背后的包袱，大步流星，继续往景阳冈走去。约行了四五里路，来到冈子下，见一棵大树被刮去了树皮，露出一片白，上写两行字："近因景阳冈大虫伤人，但有过往客商可于巳、午、未三个时辰结伙成队过冈，千万不可逞能。"

武松还是不信，以为这依旧是店掌柜吓唬客商的手段。

这时已是申时一刻时分，一轮红日正缓缓坠下山冈。武松乘着酒兴，只管走上冈子。又走了一刻钟，前方出现一座败落的山神庙。歪斜的庙门上贴着一张带官府印信的榜文。武松停下来细看，才知真的有虎。

武松晕晕乎乎地想：“我从酒馆出来，一直到山神庙，走了多少时间？对啦，想起来了，我从酒馆出来是未时七刻，看到红日落山是申时一刻，然后又走了一刻钟，才到了山神庙前，所以是 1 刻＋ 1 刻＋ 1 刻＝ 3 刻；总共走了三刻钟！”

三刻钟不算太久，武松本想转身再回酒馆，又想：“我现在回去岂不是被店掌柜耻笑？罢了，继续往前走，还真就让我撞上老虎不成？！”

武松心里这么想着，却把哨棒紧紧攥在手中，一步一驻足地上了冈子。这时候酒力发作，武松焦热起来，就一只手提哨棒，一只手把胸膛前襟袒开，踉踉跄跄，穿过一片小树林。

忽然瞥见一块光秃秃的大青石，武松困意上来，把哨棒倚在一边，翻身就躺倒在大青石上，刚要睡，一道腥风刮过来，紧跟着，便从林间跳出一只吊睛白额老虎。

武松叫声“啊呀”，从大青石上滚落下来，双手擎着哨棒闪在青石后边。那老虎因为逮不着落单的路人，已经好几天没吃上饭了，正饿得慌，看到武松这么一条大汉，早馋得口水四流，把两只爪在地上一按，整个身子一扑，从半空里蹿下来。

武松一惊，体内的酒液顷刻间化作了冷汗。

说时迟，那时快，武松见老虎扑来，只一闪，便闪在老虎背后。老虎把尾巴一掀，武松再一闪，又闪在一边。老虎见掀武松不着，大吼一声，好似晴天霹雳，震得那山冈都似乎摇动起来。

武松酒已经醒了，便沉着应对，老虎几次扑击都被他躲过，这时候忽然见那老虎背冲了自己，便双手抡起哨棒，使尽平生气力，从半空劈下去。却听得"咔嚓"一声响，原来这一棒打急了，没劈着老虎，而是打在头顶的树枝上，那条哨棒折做两截，只剩下一半还在手里。

老虎咆哮，发起性来，翻身又扑过来。武松连连退了十步远，老虎步步紧逼，两只前爪眼瞅就搭在武松面前。武松将半截棒子丢在一边，两只手就势把老虎身上的虎皮揪住，一把按下去。老虎急要挣扎，被武松铆足力气按住了。

紧跟着，武松的两只脚往老虎面门上、眼睛里只顾乱踢。那老虎疼得咆哮起来，把身底下刨出一个土坑。武松趁机把老虎嘴直接按进了黄泥坑里。也该着它好几天没吃饭，老虎的气力越来越弱。武松却把左手紧紧地揪住老虎的顶花皮，腾出右手来，提起铁锤般大小的拳头，尽平生之力只顾打。打了六七十拳，老虎终于不动弹了。

武松这时候也使尽了气力，手脚都酥软了，想要扛着老虎下山，根本一点都搬不动。

就在这时，枯草中又钻出两只老虎来。武松叹道："完了，完了，老虎的家人来报仇了，吾命休矣！"却见那两只老虎慢慢直立起来，原来是两个披着虎皮衣的猎户。猎户听说武松打死了老虎，又惊又喜，忙叫来十个乡夫，连武松带死老虎一起抬下了山，直奔县衙去领赏。

自测题

从午时三刻到戌时二刻，一共多少分钟？

古代的计时

在我国古代，一昼夜分为十二时辰，即子、丑、寅、卯、辰、巳、午、未、申、酉、戌、亥。一个时辰相当于现在的两小时。子时为 23 ~ 1 点，丑时为 1 ~ 3 点，寅时为 3 ~ 5 点，卯时为 5 ~ 7 点，辰时为 7 ~ 9 点，巳时为 9 ~ 11 点，午时为 11 ~ 13 点，未时为 13 ~ 15 点，申时为 15 ~ 17 点，酉时为 17 ~ 19 点，戌时为 19 ~ 21 点，亥时为 21 ~ 23 点。

一个时辰又分作八刻，每刻相当于现在时间的 15 分钟。

比如在武松打虎的故事中，

未时七刻——14：45；

申时一刻——15：15；

申时二刻——15：30；

同样可以算出总共花了 45 分钟。

先把古代时刻换算成现在的时间：

午时三刻——11：45；

戌时二刻——19：30；

如果到 19：45 就是整 8 个小时，因为还差 15 分钟，所以是 7 小时 45 分钟；

7 小时 = 7×60 = 420（分钟），那么总共是 420 + 45 = 465（分钟）。

武松智裁布料图形

话说武松因为醉酒打死老虎，成了英雄，颇得阳谷县知县赏识，知县便留武松在县衙里做了个步兵都头。

这天，武松交差之后正在街上闲逛，只听得背后一个人叫道："武都头，你今日发达了，连我都不放在眼里了？"

武松回头一看，叫声："啊呀！大哥你怎么在这儿？"

原来此人不是别人，正是武松日思夜念的亲哥哥——武大郎！兄弟俩在外形上差异很大，武大郎个头实在太矮，身长只有五尺，武松却长得人高马大，身长八尺，两人在身高上有三尺的差距，所以武松走过路过未能发现哥哥，也怪不得他。

兄弟二人相拥而泣，抱了许久才开始叙旧。原来武大郎在老家清河县新娶了一个妻子，因妻子貌美，总有那浮浪子弟上门捣乱，武大郎不胜其烦，不得已才携了妻子搬到相邻的阳谷县来，谋生手段还是靠他的祖传手艺——卖炊饼。

兄弟相见，自然是有说不尽的话语。武大郎却担心在当街讲话，恐怕自己的身形辱没了弟弟的威名，便拉了武松回到他在紫石街安置的新家。

到了家门口，武大郎拍着门板叫道："金莲，快来开门！"

门开了，出来的正是武大郎的妻子潘金莲。潘金莲很意外："今天炊饼卖得这么快吗？这么会儿的工夫就卖完了？"

"没，一个都没卖……是你小叔来了，快收拾收拾，安排些酒食来招待小叔！"武大郎耷拉着脑袋讪讪地说，目光中满是惧色。

武松这才与潘金莲相见，武松彬彬有礼地叫了声"嫂嫂"。

潘金莲见武松生得高大英俊，心中欢喜，叉手向前道："叔叔万福。"

进了门，武大郎就夸起妻子："你嫂子不但菜烧得好，还做得一手好针线活儿，家里的事务都靠她。"

武松也为哥哥高兴，由衷赞叹："嫂嫂真是哥哥的贤内助啊！"

"让叔叔笑话了。"潘金莲从椅子上拿开自己正要裁剪的布料图样，"叔叔请坐。"

武松好奇地看那图样："这是什么？形状好生奇怪。"

潘金莲笑道："我听说叔叔天生神力，是打虎的英雄，却不知对布料图样也有兴趣。这布料图样一个是圆形，一个是弧边的菱形，叔叔能否只剪一刀便把它们拼凑成一个正方形呢？"

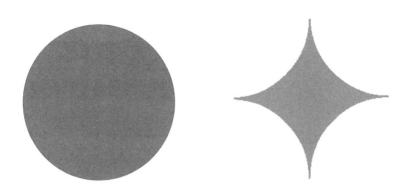

武大郎在旁边憨笑道："你嫂子也考过我，我是半点想不出来。"

潘金莲轻蔑地瞟了一眼武大郎："这个三寸丁，就是块木头！"

武松听潘金莲如此说他大哥，不禁有气，本不想逞能，但想要为武家争气，于是说道："这有何难，一剪下去，保管拼个正方形出来！"

武松是如何裁剪布料的呢？

第一步：武松把圆形和菱形叠在一起，让两个几何图形的中心点重叠。

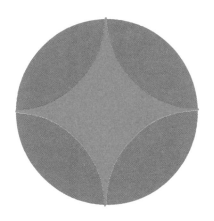

第二步：武松以菱形的两个相对的顶点为端点，从正中剪下一刀。

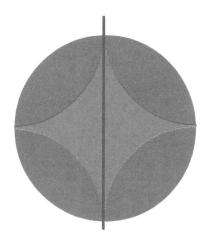

原有两片布料，此时变成了四片，分别是两个半圆和两个半菱形。

第三步：最后，如图示方式，武松把它们拼在一起，就成了一个正方形。

武松快活林选房

话说潘金莲和西门庆合谋毒害了武大郎，武松给哥哥报仇后到阳谷县县衙自首，最终由东平府把他发配到孟州城牢城营。管营见武松颇具英雄气魄，很是佩服，就免去了武松初来乍到要受罚的一百杀威棒。

几天来，武松在牢里没受什么罪，还有好酒好肉吃，不禁纳闷。又过了几天，武松才打听明白，原来是管营相公的儿子小管营在暗中相助武松，那人叫作"金眼彪"施恩。

武松觉得无功受禄，寝食难安，于是请来施恩问个明白。

施恩果然有事相求，但觉得难以启齿，踟蹰半天，才说："久闻兄长打虎的威名，有件费力气的事情，想要烦劳兄长。但因兄长发配路上长途跋涉历尽坎坷，我生怕兄长力气有亏欠，所以想请兄长歇息三五个月，等兄长气力恢复之后，再说未迟。"

武松见施恩这样说，不由得笑了起来，他带着施恩，来到寨内天王堂前。这天王堂前有一个重达五百斤的石礅。武松一指石礅，问道："五百斤的石礅和五百斤的棉花哪个更重？"

施恩想也没想就说："石礅重吧？"

武松笑道："小管营今番可是上了当啦！我已经说了，两个都是五百斤，那自然是一样重，只不过棉花占的体积更大而已。"

施恩叹道："是我先入为主了，总是觉得石头比棉花重得多。"

"那我再问你，"武松继续说，"倘若我把石礅扔到

河里，石礅一会儿沉下去，一会儿隐藏到水下面，这是为什么呢？"

施恩不再脱口而出，想了又想，却想不明白："又不是拿鹅卵石打水漂，这么老大的石头不可能浮在水面上啊？"

武松又笑："我可没说石头浮在水面上，我说的是'一会儿沉下去，一会儿隐藏到水下面'，其实都是一个意思。"

紧接着，武松伸出双臂将石礅轻轻抱起，又重重放下。石礅砸入泥地里有一尺多深。再看武松，右手抓住石礅，提起来往空中一抛，抛起来离地有一丈多高，落下时却被武松用双手稳稳接住，轻轻地放回了原处。

武松又说："刚才的动作，如果是一早上，我能连续做一个时辰；如果是晚上，我只能连续做八刻钟。你知道这是为什么吗？"

"莫非是晚上精力不济？"施恩猜测道。

武松大笑："一个时辰和八刻钟是一样长的时间啊！"

施恩惭愧地拜倒在地，心悦诚服，将武松视为天神！这不仅是因为武松完成了这一系列举重若轻的大力士动作，还因为武松如此有智慧。这样智勇双全的人，还有什么事情难得倒他呢？施恩这才说出了事情的原委。

原来孟州城东门外，有一处闹市叫作快活林。施恩在这里开了一家大客栈，生意红火，每月月终至少也能挣下二三百两银子。如此赚钱的买卖，引起了牢城营新来的一个张团练的觊觎之心。这张团练自己没太大本事，但是身边有一个猛人，此人姓蒋名忠，身材高大，有一身好武艺，尤其擅长相扑，江湖人送外号"蒋门神"。就是说他为人太过凶残，把他的画像贴于大门外，可以当门神辟邪！

于是，张团练暗地授意蒋门神来抢夺施恩的客栈。施恩不是蒋门神的对手，被蒋门神暴打一顿，至今手伤未愈。

所以施恩想请武松出手，打败蒋门神，将客栈夺回来，替自己出这口恶气。

第二天，施恩和武松吃过早饭便骑着快马去往快活林。武松在路上忽然提出一个小要求："请贤弟答应我，无三不过望。"

施恩不明所以，问道："哥哥，这'无三不过望'是什么意思？"

"从牢城营去快活林的路上，每过一个单号的酒店，你就要请我吃三碗酒；每过一个双号的酒店，你就要请我吃两碗酒。"

施恩咋舌道："这一路上共有十三家酒店，13 除以 2，得 6 余 1，所以双号酒店是 6 家，单号酒店是 6 + 1 = 7 家。而每过一个单号的酒店，哥哥要吃三碗酒；每过一个双号的酒店，哥哥要吃两碗酒。那么哥哥一共要吃 $7 \times 3 + 6 \times 2 = 21 + 12 = 33$ 碗酒。若是如此吃法，我倒不是小气，只是到了快活林，哥哥岂不是喝得酩酊大醉了吗？"

武松豪气干云，仰天大笑："兄弟，你是不了解我啊！我吃一分酒，便长一分力气。当初哥哥我在景阳冈上打虎，就是我吃得大醉之后才打死的老虎！要是我清醒的话，估计早被老虎吓跑了。"

施恩听武松这样说，于是一切照武松的意思办。等来到快活林的时候，武松已经有了七分醉意！武松东倒西歪，踉踉跄跄地来到大客栈的柜台前，那个蒋门神正翘着脚坐在柜台后面。

"掌柜的……给我……来间最大的……客房！要

比……整座客栈还大……"

"客官，您醉了。"蒋门神道。

武松口中只喊："我……我没醉！我的头脑很清醒！不信……你就考考我……"

蒋门神说："好，我这客栈最好的天字房一共有23间，从天字1号，一直到天字23号，你选一间住下。剩下的由我手下的伙计来住。然后从第一间房开始，单双报数，只要是单，就淘汰出局，住单号的人就立马滚出客栈。第一轮淘汰完，所有客房重新排号，按顺序，从1号往下排，再单双报数，只要是单，就淘汰出局……以此类推，直到剩下最后两人，由这两个人比武。你看怎样？"

"行！"武松晃晃悠悠地就进了天字16号房。

蒋门神让伙计进了其余房间，他自己可是进了天字8号房。

两人这样选是有缘由的。

按照蒋门神的选房规则单双报数，淘汰单数，所以能被2整除的次数越多，越能坚持到后面的轮次。

在1～23之间，$16 = 2 \times 2 \times 2 \times 2$，是用2连乘

个数最多的数字，所以武松才选了天字 16 号房；蒋门神就是见到武松选了这间房，知道手下人恐怕不是这个醉汉的对手，自己才选了仅次于 16，但是同样有 3 个 2 连乘的 8，即天字 8 号房。

实际情况果然如此：

最开始的房间号是 1、2、3、4、5、6、7、8、9、10、11、12、13、14、15、16、17、18、19、20、21、22、23。

第一轮单双报数后，剩下的数是 2、4、6、8、10、12、14、16、18、20、22。

房号重排，于是变为 1（2）、2（4）、3（6）、4（8）、5（10）、6（12）、7（14）、8（16）、9（18）、10（20）、11（22）。

第二轮单双报数后，剩下的数是 2（4）、4（8）、6（12）、8（16）、10（20）。

房号再重排，于是变为的数是 1（4）、2（8）、3（12）、4（16）、5（20）。

第三轮单双报数后，剩下的数是 2（8）、4（16）。

几轮排号过后，最后剩下的刚好就是蒋门神和武松二人。

"你……不是想比武吗？来啊！"武松话音未落，便将两个拳头在蒋门神脸上虚晃一招，扭身便走。蒋门神随后便追，他以为武松只是个寻衅滋事的寻常醉汉，所以掉以轻心了。

不料武松就好像脑后长了眼睛，猛地一回身，左脚先踢中蒋门神的小腹，又以迅雷不及掩耳之势，飞起右脚踢中了蒋门神的额角！蒋门神顿时倒地，被武松一脚踩住胸脯，脸上挨了数拳。

这一切都发生在电光石火之间，蒋门神还没反应过来是怎么一回事，便被打得鼻青脸肿，不得不求饶！抢来的大客栈也只好不甘心地还给了施恩。

自测题

体操队总共有 67 人，他们组成了一个不规则的阵型，按照他们各自的编号，单号的同学手持两根体操棒，双号的同学手持一根体操棒。你们知道体操队总共需要多少根体操棒吗？

67 除以 2，得 33 余 1，所以双号同学是 33 人，单号同学是 33 + 1 = 34（人）。

因为单号的同学手持两根体操棒，双号的同学手持一根体操棒，所以总共需要体操棒：

$34 \times 2 + 33 \times 1 = 68 + 33 = 101$（根）。

花荣射雁和雁阵的数列排布

花荣原是清风寨的武知寨，生得一双俊目，齿白唇红，眉飞入鬓，细腰窄臂，银盔银甲，善骑烈马，能开硬弓，一张弓射遍天下无敌手，被比作西汉"飞将军"李广，人称"小李广"，还因善使银枪，又称"银枪手"。只因为义兄宋江抱不平而被小人陷害，后被好汉王英等相救，一同投奔梁山。

在路过对影山时，花荣恰逢"小温侯"吕方和"赛仁贵"郭盛比武。两人的武艺旗鼓相当，使的兵器也都是方天画戟。忽然，两支画戟上的豹尾彩绦缠到了一起，纠结不开。

花荣在马上看了，便左手从飞鱼袋内取弓，右手从走兽壶中拔箭，搭上箭，拽满弓，觑着豹尾彩绦纠缠处，嗖的一箭，恰好将彩绦射断，两支画戟这才得以分开。

花荣一箭分开两戟，技惊四座。

到了山顶，山寨里摆下酒宴，为新到的花荣等人接风洗尘。席间说起花荣一箭分双戟的故事，晁盖听罢，因为不是亲眼见到，有些不信。晁盖脸上的神色都被精明过人、心细如发的花荣看在眼里。

酒至半酣，众头领提出要去山前闲玩一回，再来赴席。走到寨前第三关的时候，天空中飞过一行大雁，鸣声嘹亮。

花荣手指天空，问晁盖："晁天王可看得清大雁的阵型？"

"大雁飞得缓慢，且排列井然有序，就算在疾风之中，雁阵也不会有丝毫散乱，自然看得清楚了！"晁盖不以为然地说。

花荣接着说："这雁阵第一排是头雁领队，只有 1 只，第二排是 2 只，第三排是 3 只……"

"白日鼠"白胜忍不住插话："那第四排就是 4 只了……"

"不，第四排是 5 只，第五排是 8 只，第六排是 13 只，那白兄倒是说说第七排是多少只？"

"太多了，容我细数。"

白胜刚要数数，花荣打断道："不必麻烦白兄，这雁阵排列十分有规律，不用数，我已经知道第七排有多少只大雁。因为这列数字是：1、2、3、5、8、13……仔细看，可以发现，从第三排开始，每一排都是前面两排大雁数之和。比如 3 = 2 + 1；5 = 3 + 2；8 = 5 + 3……所以第七排是 8 + 13 = 21 只大雁。而且，我要一箭把这排正中间的那只大雁射落。万一射不中，还请各位头领不要嘲笑。"

花荣说完，特意朝晁盖瞄了一眼。

接着，花荣便弯弓搭箭，只听弓弦"铮"的一响，那支箭直入云霄。

这一箭果然正中第七排中间的那只大雁！小喽啰将雁捡起，众头领一看，那支箭在雁头上射了个对穿！

晁盖和众头领都看得目瞪口呆，连称花荣为神臂将军。吴用更是大加称赞："将军何止比李广？就算是比那战国时的神射手养由基，也有过之而无不及！真是山寨有幸啊！"

花荣非常谦虚，摇着头说："非也，非也，不是我的射术高超，而是天王长得英武，有'沉鱼落雁'之貌，大雁见了才一头栽下来的。"

众人听了大笑，花荣和晁盖的嫌隙也就此化解。

自测题

假如雁阵的规律是头雁 1 只，第二排是 2 只，第三排是 4 只，第四排 8 只，第五排 16 只，第六排 32 只，第七排是几只呢？

这列数字是：1、2、4、8、16、32……

后面一项都是前面那项乘以2，所以第七排是第六排的

$32 \times 2 = 64$。

所以第七排是64只大雁。

话说"神行太保"戴宗在水泊梁山的职位是——刺探声息大都督兼情报机密营指挥，主管的是刺探消息的工作，并且还管理着机密文书的传递工作。

能够胜任以上职务，得益于戴宗的特长，那就是脚下的功夫——神行之术。

这个神行之术到底有多厉害呢？古代千里马能够日行千里，所以叫作千里马，戴宗虽然不如千里马，但也可以做到日行八百里。

戴宗是"黑旋风"李逵的好大哥。李逵有勇无谋，脾气暴躁，经常闯祸，每次都是戴宗给他收拾烂摊子。

一天，戴宗约了李逵在酒楼喝酒，结果李逵整整迟到了一个时辰。

李逵做事情莽撞欠思量，戴宗还能原谅，但是戴宗无法容忍李逵不守时的毛病，要知道戴宗跑得那么快，

就因为戴宗是一个无比珍惜时间的人。

戴宗板着脸问："兄弟为何迟到啊？你再这样，你这'铁牛'的小名，可要改作'蜗牛'啦！"

"哥哥不能怪俺，"李逵一脸委屈地说，"弟弟的家务活计很多，一大早起来要穿衣服、洗漱，之后要给俺老娘煮粥，还要去喂院子里的鸡，俺也想早点来见哥哥啊！"

戴宗又问："你做这些事项，各需多少时间啊？详细说给我听听。"

"哥哥，容俺算一算。"李逵的算术能力比较差，只能一边回忆，一边掰着手指头数。数了一会儿，李逵总算把时间账目算清楚了，"穿衣服要一炷香时间，洗漱要一炷香时间，给老娘煮粥要三炷香时间，喂鸡要一炷香时间。"

"所以你一共用了六炷香的时间？"

"没错，还是哥哥算得快！"李逵佩服地说。

戴宗微微一笑，说："那哥哥再教你一个好办法，让你每天早上都能节约出一半的时间。"

"哥哥快说！"

"我先来分析兄弟你早上做的所有事项，哪些是可以同时进行的。"煮粥的主要时间耗费在把米煮熟的过程，而这段时间人不用一直在旁边看着，所以在煮粥的三炷香时间里你可以做其他事情。你起床后先把粥做上，然后穿衣服、洗漱、喂鸡，等这三件事做完，粥正好也煮熟了。时间不就节约了一半吗？"

自测题

糖葫芦小学大扫除时，果冻、果脯、果珍、布丁四人一起来到水池前，由于其他水龙头坏了，只有一个水龙头能用，因此一个人用水的时候其他人只能等候。果冻洗墩布需要3分钟，果脯洗抹布需要2分钟，果珍用桶接水需要1分钟，布丁洗讲台桌布需要5分钟。你们知道怎样安排四人的用水顺序，才能使他们所花的总时间最少吗？

　　仔细分析：所花的总时间是指这四人各自所用时间与等待时间的总和，由于各自用水时间是固定的，所以只要想办法减少等待的时间，即应该安排用水时间少的人先用。

　　最节省时间的顺序是果珍、果脯、果冻、布丁。

　　果珍等待时间为 0 分钟，用水时间 1 分钟，总计 1 分钟；

　　果脯等待时间为 1 分钟，用水时间 2 分钟，总计 3 分钟；

　　果冻等待时间为 3 分钟，用水时间 3 分钟，总计 6 分钟；

　　布丁等待时间为 6 分钟，用水时间 5 分钟，总计 11 分钟。

　　这样四人花费的总时间只有 11 分钟。

　　你们想一想，花费最多时间的又是怎样的顺序呢?

"浪里白条"张顺的摆渡任务

话说张顺是江州人氏，"生在浔阳江边，长在小孤山下"，因生得肤白如雪练，水性精熟，人称"浪里白条"。他能"没得四五十里水面，水底下伏得七日七夜"，与哥哥张横在浔阳江边做摆渡生意，不过并非正经的摆渡，而是常把旅客摆渡到江心时劫财。

当时江州揭阳一带有三霸，揭阳岭上以李俊、李立为一霸，揭阳镇上以穆弘、穆春为一霸，浔阳江中则以张横、张顺为一霸。

有一天，张顺遇到了一个难题，有一位旅客大概是知道他们兄弟俩的渡船比较危险，索性自己不渡河，只让张顺把他带来的一只狼、一头羊和一篮白菜从河的左岸带到右岸。

但张顺的渡船太小，一次只能带一样。因为狼要吃羊，羊要吃白菜，所以狼和羊、羊和白菜不能在无人监

视的情况下相处。可能有人要问了，张顺就不怕狼吃了自己吗？一来这狼也是经过人驯化的，轻易不会伤人；二来既然武松能打虎，同为梁山好汉天罡星三十六星的张顺自然也不惧打狼了。

最终，这个难题并未难倒张顺。他反复思量后，顺顺利利地完成了摆渡任务。

你们知道张顺是怎么做到的吗？

第一次：张顺把羊带至右岸；

	左岸		右岸
张顺	0		1
狼	1		0
羊	0		1
白菜	1		0

第二次：张顺独自回左岸，把白菜带至右岸，此时右岸有张顺、羊和白菜；

	左岸		右岸
张顺	0		1
狼	1		0
羊	0		1
白菜	0		1

第三次：张顺再把羊带回左岸，放下羊把狼带至右岸，此时右岸有张顺，狼和白菜；

	左岸		右岸
张顺	0		1
狼	0		1
羊	1		0
白菜	0		1

第四次：张顺独自回左岸，最后把羊带至右岸，便可完成摆渡的任务。

	左岸		右岸
张顺	0		1
狼	0		1
羊	0		1
白菜	0		1

自测题

王英和扈三娘、孙新和顾大嫂、张青和孙二娘，这三对夫妇要过河，河边只有一条小船，并且船上最多只能载两个人，且不能空船行驶，不然船就被水流冲走了。另外，在河的两岸男人都不能比女人多。你们知道要满足以上条件，他们该如何乘船过河吗？

在河的两岸男人都不能比女人多，即女人可以比男人多。

列出以下步骤。

第一步：1女、1男过河。

	男	女
彼岸	1	1
此岸	2	2

第二步：1女回。

	男	女
彼岸	1	0
此岸	2	3

第三步：2男过河。

	男	女
彼岸	3	0
此岸	0	3

第四步：1 男回。

	男	女
彼岸	2	0
此岸	1	3

第五步：2 女过河。

	男	女
彼岸	2	2
此岸	1	1

第六步：1 女 1 男回。

	男	女
彼岸	1	1
此岸	2	2

第七步：2 女过河。

	男	女
彼岸	1	3
此岸	2	0

第八步：1 男回。

	男	女
彼岸	0	3
此岸	3	0

第九步：2 男过河。

	男	女
彼岸	2	3
此岸	1	0

第十步：1 男回。

	男	女
彼岸	1	3
此岸	2	0

第十一步：2 男过河。

	男	女
彼岸	3	3
此岸	0	0

李逵的怪兽长角逻辑题

话说李逵自从上了梁山后就闷闷不乐，原来李逵是个大孝子，一直挂念着自己在沂水县百丈村家中的老母。宋江见李逵思母心切，便同意李逵下山去接母亲，但又担心李逵脾气不好，容易惹事，于是与李逵约法三章：第一，不许喝酒，酒最误事；第二，速去速回，不准惹是生非；第三，不准带兵器——一对板斧。

李逵一心要回家接母亲，便全部痛痛快快地答应下来。李逵的外号是"黑旋风"，是个急性子，说走便走，带上银子，辞别众好汉便下了梁山。

李逵一路上果然信守诺言，没有喝酒，也没有耽误工夫。这天刚走到一处小树林的边上，忽然从树林中蹿出一位大汉，那大汉脸上涂着一团黑墨，手里居然拿着两把硕大的板斧！

大汉拦住李逵的去路，大喝道："呔，此路是我开，此树是我栽，若要从此过，留下买路财！"

李逵大笑："你这厮是什么人？怎么敢劫我？"

大汉叫道："说出来吓死你，我便是——'黑旋风'李逵！"

李逵快笑喷了："你怎么敢冒我的名号在这里胡来？"

大汉道："你少骗人了，你虽然长得黑，但是手里没有斧头，要骗人需要把工夫做足。少说废话，吃俺一斧……"

"且慢。"李逵记着跟宋江哥哥的约法三章，举手一拦，说道："我不想跟你打架，招惹是非。这样吧，我给你出一道题目，你若答得出来，我身上的盘缠都归你；你若答不出来，就要放我过去。"

大汉一想，不用动家伙还能来钱，岂不省事，便答应道："好，你出题目吧。"

李逵便说："古时候有三个怪兽，名字分别叫两角怪、三角怪和四角怪。它们中，一个头上有两只角，一个头上有三只角，一个头上有四只角。一天，它们一边走一边聊天。四角怪说：'我们三个中，没有一个拥有的角数和它的名字相符，我觉得我们起的名字简直是张冠李戴。'有三只角的怪兽答道：'谁吃饱了没事研究这个呀！'我来问你，三角怪头上有几只角？"

大汉把头摇得像拨浪鼓："不行，猜不出来，太难了。"

"嘿，你答不出来可不能怪我，大爷我可要赶路了。"

"等等，至少你要把答案告诉我！"

"好，你听好了！这道题需要进行逻辑推理，仔细分析，四角怪的话'我们三个中，没有一个拥有的角数和它的名字相符'说明四角怪肯定没有四只角，那么四

131

角怪只能是三只角或两只角。然而，接下来，题目中说了，有三只角的怪兽回答了四角怪的话，那说明它们俩不是同一个怪兽，不可能自问自答。所以四角怪也不是三只角，那么四角怪只能是两只角。

"确定了一个怪兽，剩下的两个怪兽更好办了。现在来看题目问的三角怪头上有几只角。因为有两只角的是四角怪，所以三角怪只能有三只角或四只角，但它不可能有三只角，否则就跟名字相符了，那么三角怪只能有四只角。"

谁知大汉还是不依不饶，高高举起两把板斧就往李逵身上招呼。可他哪里是李逵的对手，李逵赤手空拳，只三拳两脚，就把大汉打趴在地，同时把那对板斧抢了过来。

李逵右手持着斧头往大汉脖子上一架，怒喝道："现在你知道我是真李逵了吧？你这个冒牌货就好像我刚刚所出题目中的怪兽，只会冒名顶替他人的名号。你到底是谁？再不说，大爷我'咔嚓'一下，管杀不管埋！"

大汉连连求饶："小人名叫李鬼，本来不想做这没本钱的买卖，只因家中有九十岁的老母，为了赡养母亲，才冒了大爷您的名号。大爷若是杀了我，家中老母必然饿死呀。呜呜呜……"

大汉的话正好触动了李逵的思母之心。李逵虽然鲁莽，可他很同情李鬼的母亲，于是动了恻隐之心，说道："好，今天便饶了你的性命，看在你有孝心的份儿上，俺再给你十两银子做本钱，改行去做个小买卖吧。"

李鬼接了银子，拜谢而去。

李逵接着往前赶路，忽觉腹中饥渴，看到前面路边有两间草屋，便走过去。正好从屋后走出来一个妇人，李逵便道："大嫂，我是过路的，给你一贯钱，问你讨些酒饭吃。"

那妇人喜滋滋接过银钱，做好了三升米饭，又走出门在山路上挖些野菜。李逵走出来上茅房，忽然听到有人在小声说话。李逵因为在下山前得到宋江的提醒，这时候便多加了几分小心，连忙躲在暗处一听，那妇人居然在和自己刚才遇到的李鬼说话呢！

原来妇人是李鬼的老婆，李鬼一个劲儿地唉声叹气，对老婆把遇到真李逵的事情说了。

妇人一听，连忙告诉李鬼："家里刚才来了一个黑大汉，向我讨要酒饭吃。你去看看是不是那'黑旋风'？如果是的话，你赶紧去找些麻药，我把它放在酒饭里，等麻翻了'黑旋风'，从此以后，你就可以名正言顺地取代他了。"

"好个恶毒的妇人！"李逵听到这里，怒不可遏，再也忍不住，冲上前去，一把抓住李鬼，打倒在地，却让那妇人从前门跑了。

自测题

　　假定甲永远说真话，乙永远说假话，丙有时说真话有时说假话，具体说真话还是假话要看心情。现在有甲、乙、丙三人，分别穿着黄衣服、绿衣服和黑衣服，而我们并不知道谁穿什么颜色的衣服。他们在介绍各自的身份时说了如下的话：

　　穿黄衣服的说："我不是乙。"

　　穿绿衣服的说："我不是甲。"

　　穿黑衣服的说："我不是丙。"

　　听了他们说的话，你们知道甲、乙、丙三人各穿什么颜色的衣服吗？

　　这道逻辑题可以通过假设法进行推理，既然甲永远说真话，就可以先从这个条件入手假设。先假设穿绿衣服的说的是真话，则他应该是甲，但他说的话恰恰相反——"我不是甲"，构成了矛盾。所以假设错误，穿绿衣服的不是甲，他可能是丙，也可能是乙。

　　再根据乙永远说假话，假设穿绿衣服的是乙，则他不会说出"我不是甲"的真话，因此穿绿衣服的也不是乙，甲和乙这两个身份对于他来说，都已经被否定了，因此他只能是丙。

　　由此推出剩下的两个是乙和甲，如果穿黄衣服的是甲，那么穿黑衣服的就是乙，但他说出"我不是丙"就变成了真话，构成矛盾，所以穿黄衣服的是乙，穿黑衣服的是甲。

找你的小伙伴一起来做这个游戏吧!

游戏准备:

如图所示的座位表。

游戏人数:

一人、两人或多人。

游戏规则:

王英和扈三娘、孙新和顾大嫂、张青和孙二娘、武大郎和潘金莲一起吃晚饭,他们坐在同一桌(如下图所示)。

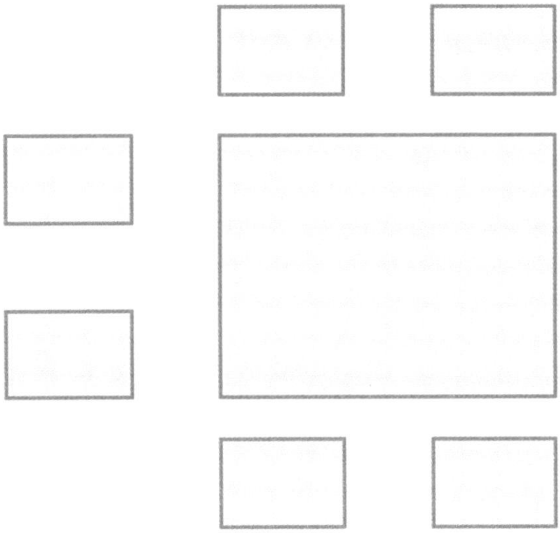

已知条件如下：

1. 只有一对夫妇不是毗邻而坐，但他们也不是面对面地坐着。

2. 坐在孙新左边的男人也坐在扈三娘的对面。

3. 坐在孙二娘左边的男人也坐在武大郎的对面。

请排出这 8 人的座位表，看看谁排得最快？

参考答案（答案不唯一）：

如下图所示，只有张青和孙二娘不是毗邻而坐，其他夫妇都挨着。

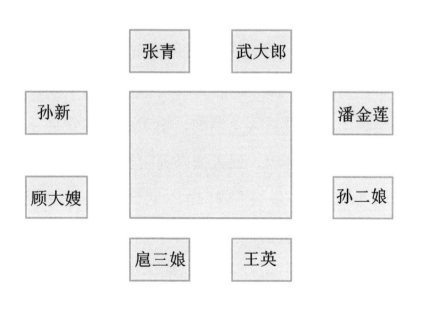

祝家庄佃户分刀

话说有一个专门干飞檐走壁、偷鸡摸狗、顺手牵羊勾当的小偷，绰号"鼓上蚤"，大名时迁，曾在蓟州府里惹上官司，被"病关索"杨雄救过。这天正好路遇杨雄和石秀逃难，便叫住那哥儿俩，想要一起入伙。

三人商量了一阵，决定投奔梁山。他们离了蓟州，一路上夜宿晓行，这一天来到郓州境内，过了香林，望见一座高山。再看看天色渐晚，怕走山路不安全，正好前面有一家靠溪客店，三人便来到店里投宿。

店小二正准备关门打烊，见到他们进来就问："几位客官，这么晚才来光顾小店，是不是道儿太远了？"

时迁道："我们今天走了一百多里的路程，因此到得晚了。"

店小二是个会做买卖的，又殷勤地问道："几位客官，一路辛苦，你们还没吃晚饭吧？"

时迁道："不用麻烦小哥，我们自己炒俩菜就行了。"

店小二道："厨房灶台上有两只干净的锅，客官自用好了。"

时迁又问："店里可有酒肉卖？"

店小二不好意思地说："今天早上倒是有些肉，但都被近村人家买去了，现在只剩一壶酒了，没有其他菜可以下饭。"

时迁叹道："也罢，谁让我们来晚了呢！那就先借五升米来做饭吧。"

店小二取了米交给时迁，石秀去房中安顿行李，杨雄取出一只金钗给店小二当酒钱，剩下的明天一起结算。

等饭蒸熟了，酒也斟好了，三人就请店小二一起喝酒。石秀看见店中檐下插着数十把上好的朴刀，好奇地问："你家店里怎么有这许多兵器？"

店小二看石秀脸色不对，连忙解释："我们可不是开黑店的啊，都是主人家留在这里的。"

石秀继续打探道："你家主人是什么样的人？"

店小二道："客官，你是江湖上行走的人，如何不知我这里的名号？前面那座高山唤作独龙山，山前有一座冈子唤作独龙冈，上面便是主人家住宅。这里方圆三十里，唤作祝家庄，庄主太公祝朝奉有三个儿子，称为'祝氏三杰'。庄前庄后有六七百人家，都是佃户。各家分下几把朴刀做守卫的兵器。小店便唤作祝家店，常有佃户来店里住宿，正好在店里就把朴刀分了。"

石秀数了数店里的朴刀数，共 70 把，又问店小二这些朴刀要分给多少人家。

店小二道："三个大佃户分 9 把，四个小佃户分 8 把，小佃户的人家刚好是大佃户人家的两倍，你们自己算算吧。"

石秀立马算了出来，他是这样计算的：

先由三个大佃户分 9 把刀，四个小佃户分 8 把刀，可以算出每个大佃户能分 $9 \div 3 = 3$ 把刀，每个小佃户能分 $8 \div 4 = 2$ 把刀；

又因为店里的朴刀数总共是 70 把，所以可以列出等式 3× 大佃户数 + 2× 小佃户数 = 70；

最后再根据小佃户的人家刚好是大佃户人家的两倍，得到 3× 大佃户数 + 2×（2× 大佃户数）= 70，

即 7× 大佃户数 = 70，

大佃户数 = 10（家）；

则小佃户数 = 20（家）；

总户数 = 10 + 20 = 30（家）。

原来这小小的客店，竟管着大小佃户三十家！

店小二咋舌道："不得了，我恐怕是喝多了，这些话怎么能给外人讲呢？"说完，便告歇息去了。

剩下时迁三人自顾喝酒吃饭，只是没有肉，三人都不尽兴。

时迁最看不得两位哥哥难过，忽然道："哥哥们，要肉吗？"

杨雄瞪眼道："夜深人静，店铺都打烊了，哪里有肉卖？"

时迁神秘兮兮地眨眨眼，"我看到对面有个鸡舍，你们稍坐，我去去就来。"

  时迁之所以外号叫"鼓上蚤"，是因为轻功极高，跳蚤本来就跳得够高了，而被弹性绝佳的鼓皮弹起的跳蚤还不得上天啊！

  时迁仰仗绝顶轻功，又是夜深人静之时，几个纵跃，便穿房过脊，来到鸡舍前，撬开门上的锁。

鸡舍里有一只报晓司晨的大公鸡，睡得正香，谁知还没有轮到它早起打鸣，就被时迁偷走了，很快就在灶膛里变成了一只烧鸡被端上了桌子。

杨雄、石秀、时迁三人吃得唾沫横飞，他们可不知道，吃鸡却吃出了祸端……

自测题

幼儿园园长买了 204 个苹果，要分给幼儿园大班和小班的小朋友，大班的小朋友 6 个人可以分 9 个苹果，小班的小朋友 6 个人可以分 5 个苹果，小班的小朋友人数是大班小朋友人数的 3 倍。请问大班的小朋友和小班的小朋友各多少人？

先由大班的小朋友 6 个人可以分 9 个苹果，小班的小朋友 6 个人可以分 5 个苹果，可以算出：

大班的每个小朋友可以分到的苹果数是 $9 \div 6 = \frac{3}{2}$（个），小班的每个小朋友可以分到的苹果数是 $6 \div 5 = \frac{6}{5}$（个）。

又因为苹果数总共是 204 个，所以可以列出等式：

$\frac{3}{2} \times$ 大班小朋友人数 $+ \frac{6}{5} \times$ 小班小朋友人数 $= 204$；

再根据小班的小朋友人数是大班的小朋友的 3 倍，得到：

$\frac{3}{2} \times$ 大班小朋友人数 $+ \frac{6}{5} \times$（$3 \times$ 大班小朋友人数）$= 204$，即 $51 \times$ 大班小朋友人数 $= 2040$，大班小朋友人数 $= 40$（人）；

则小班小朋友人数 $= 120$（人）；

验算一下：

$\frac{3}{2} \times 40 + \frac{6}{5} \times 120 = 60 + 144 = 204$（个），符合题意。

所以大班的小朋友有 40 人，小班的小朋友有 120 人。

大闹祝家店和时迁的房子拼图

话说店小二虽然把厨灶借给了时迁他们使用，但始终放心不下，睡到一半，去饭堂一看，只见饭桌上堆着很多鸡骨头，不免生疑：他们三人明明是空手来的，没有酒菜，这半夜三更的，又去哪里买的鸡，莫非……

想到这里，店小二一个惊颤，赶紧跑到外面鸡舍查看。果不其然，跟他最亲的那只报晓鸡不见了踪影，地上空余几根鸡毛。

原来这店小二有贪睡的毛病，由着性子睡，一睡就能睡到日上三竿，全仗着报晓鸡才能把他叫醒。现在报晓鸡惨死，这以后还不得天天起晚，天天挨掌柜的责骂啊？

店小二心里这个气啊，心想我好意留你们住宿，把白花花的大米也借给你们煮饭，怎么知恩不报，反偷了我的鸡吃？不行，我得找他们仨算账去！

到了客房前，店小二高声叫道："三位客人，你们好不通情达理！为何偷了我店里的报晓鸡？"

时迁兀自争辩："见鬼了！我自己在路上买只鸡来吃，何曾见过你的鸡！"

店小二道："那么我店里的那只鸡哪去了？"

时迁道："怕是被野猫拖了，被黄鼠狼叼了，被鹞鹰扑去了吧？我又不是你家鸡的保镖，我怎么知道？"

店小二道："我的鸡好好待在笼舍里，不是你开锁偷了还能是谁？不要抵赖！"

原来店小二看出时迁脚步轻盈，手指纤细灵活，再加上两撇鼠须，整个一副盗贼相。

石秀道："不要争论了。一只鸡值几个钱，赔了你便罢。"

店小二听石秀有承认的意思，更加恼怒："我的是报晓鸡，店内少它不得。你便赔我十两银子也不济，只要你们还我的鸡！"

石秀本是火暴脾气，要不怎会有"拼命三郎"的外号，这时候也怒了："你诈唬谁！老爷不赔你便怎的！"

店小二笑道："客人，你们休要在这里撒野！我家店不比别处客店，这里可是祝家庄，你们到我庄上偷东西，便可以把你们当作梁山泊的贼寇抓起来！"

石秀听了，大骂道："好，我们便是梁山泊的好汉，我看你怎么绑我们去请赏？"

杨雄一直耐着性子，听到这里也怒道："好意还你些钱，不赔你怎的？"

店小二确认对方是要明抢了，叫一声："有贼！"只见店里走出三五个大汉，径奔杨雄、石秀而来，那时迁身形瘦小，躲在两人身后。

其中两个大汉被石秀一拳一个，都打翻了。店小二正待再叫，被时迁偷出一拳打肿了脸，作声不得。剩下的大汉见三人厉害，都从后门跑了。

杨雄道："兄弟们，他们一定是去叫人了，这庄上人丁多，咱们势单力薄，还是走为上策！"

三人收拾好背囊，每人又去架子上拣了一把好朴刀，甩开脚步，往大路便走。

三个人走了没多久，只见身前身后的火把不计其数，粗略一数，约有一二百人，山呼海啸一般赶过来。

　　杨雄道：“不要慌，我们拣小路走。”

　　石秀又犯了“拼命三郎”的脾气，把手一挥，叫道：“大哥且慢！咱们仨跟他们拼了！一个来杀一个，两个来杀一双！看谁拼得过谁！”

　　话音未落，四下里祝家庄的庄丁们已经围拢上来。杨雄当先，石秀在后，时迁在中，三个人挺着朴刀来战庄客。那伙人初时不知三人的武功厉害，抢着棒赶来，杨雄手起刀落，早砍翻了六七个，后面的急待要退，石秀赶过去，又戳翻了六七人。

四下里的庄客见这哥儿仨厉害，并非"白薯"，也追得不是那么凶了。于是三个人停停打打，正走着，喊声又起。从齐膝深的枯草里忽然探出两把挠钩来，时迁被一挠钩搭住了肩膀，往后猛地一拽，便拖入草窝里去了。

石秀急转身来救时迁，背后又伸出两把挠钩来，幸好杨雄眼疾手快，挥舞朴刀把挠钩拨开，再往草里一通"砍瓜切菜"，只可惜草里藏着的家伙属于"扎一枪换一个地方"，迅速溜之大吉了。

两个人见时迁被捉，怕深入敌人腹地，连自己也要身陷囹圄，都无心恋战，一路冲杀，往东边逃去。

祝家庄的众庄客四下里寻不着杨雄、石秀，只好先救了受伤的人，再将时迁背剪了双手绑起来，押送回祝家庄。

"祝氏三杰"中的老三祝彪亲自过堂审问时迁，先把时迁身上的东西搜了个遍，搜出一大把带棒头的小针。

"这些都是你的暗器吧？说，你害了多少人？"祝彪喝问。

时迁惊出一身冷汗，赶紧否认："这些小针不是暗器，乃是我溜门撬锁的工具，以及上门踩点用来绘图的工具。"

"那你承认自己是小偷了？"

时迁耷拉下脑袋，算是默认了。

祝彪继续审问："这些小针开锁还行，又如何绘图？"

时迁只好老老实实地解释："您看，比如我看中了某一栋房子，就可以用小针简略拼出房子的图形，再次下手时方便辨认。"

"拼给我看！"

时迁老老实实用小针拼出一个房子，如下图所示：

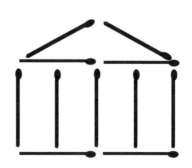

"拼得还真有模有样。"祝彪方才信了时迁的话。

时迁一得意，又开始卖乖道："不仅如此，倘若移动 2 根小针，房子就能变成含有 11 个正方形的图形。要是移动 4 根小针，可以变成含有 15 个正方形的图形。"

祝彪好奇地问："这许多变化是如何做到的？你拼给我看！"

时迁便移动 2 根小针，房子就变成含有 11 个正方形的图形，如下图所示：

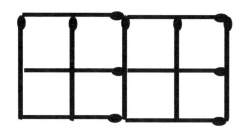

时迁解释道："图里有 8 个小正方形，3 个大正方形，注意：中间还有 1 个正方形，共 11 个正方形。"

时迁移动 4 根小针，房子果真就变成含有 15 个正方形的图形，如下页图所示：

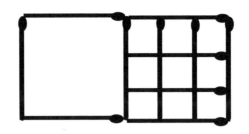

时迁继续说道："图里大正方形是 2 个，小正方形有 9 个，不要忘记每 4 个小正方形组成的中号正方形有 4 个，加起来是 15 个正方形。"

祝彪看得有滋有味，感慨道："你还真是个人才，暂且留下你的性命。"

话说杨雄、石秀逃出来后，半路上遇见了"鬼脸儿"杜兴。

杜兴对此地各方势力都很熟悉，当即介绍道：这里有三个庄子，中间是祝家庄，西边是扈家庄，东边是李家庄。祝家庄太公祝朝奉有三个儿子，即祝龙、祝虎、祝彪，还有一个厉害的武术教师——铁棒栾廷玉；扈家庄的扈太公有一子一女，儿子"飞天虎"扈成，女儿"一丈青"扈三娘；李家庄的庄主，便是杜兴的主人，叫作"扑天雕"李应，善使一条点钢枪，背藏五把飞刀，因此也有人叫他"老李飞刀"。这三个庄子早已结下誓约，互相帮助，共同进退。

于是三人一起来到李家庄，向李应求助。李应慨然应允，但一开始犯懒，让门馆先生作书信一封，自己只是在后面署了大名，然后叫了个下人把书信送往祝家

庄，但祝家庄却不肯放人。李应只得郑重其事地亲笔写了一封慷慨激昂的书信，还把内容进行了加密。

李应是怎么加密的呢？

原来，李应对书信内容加密的方法是《武经总要》中提到的"字验"，通常用于在战场上传递军事情报。简要来说，是将一些重要暗语用数字来标注，比如：

1. 请弓

2. 请箭

3. 请刀

4. 请甲

......

27. 贼退兵

28. 贼固守

29. 围得贼城

30. 解围城

……

37. 将士叛

38. 士卒病

39. 都将病

40. 战小胜

再用一首包含四十个字的诗词来对应四十个数字，发送时，只要在需要传递暗语的诗词中的字上做标记就好。

实际上，李家庄和祝家庄有如下暗语：

1. 释放

2. 嘉奖

3. 诛灭

4. 盗取

……

7. 速回

8. 改道

9. 囚犯

10. 劝降

……

17. 投诚

18. 诈降

19. 速战

20. 夜袭

李应加密的诗文是：

白日依山尽，黄河入海流。

欲穷千里目，更上一层楼。

李应真正要传递的信息是什么呢?

不难发现，在诗文中，"白"和"海"两个文字做了特殊标记，它们分别是诗文的第 1 个字和第 9 个字，对应的暗语就是"1. 释放"和"9. 囚犯"，连起来就是"释放囚犯"。

这回李应命杜兴把信送去。谁知祝家庄仍旧不给面子，祝彪还当场撕毁李应的书信，宣称要将李应当作梁山强寇解往官府。

李应得知后大怒，点了三百庄客，直奔祝家庄，与祝彪交战。祝彪应战十七八个回合，不敌败走。李应纵马追赶，却被祝彪暗箭射中臂膊，受伤坠马，幸被杨雄、石秀抢回。李家庄自此与祝家庄交恶。

杨雄见通过李应未能讨回时迁，便告辞离去，到梁山泊求援。

数学小知识

数学在加密文档中的应用

古今中外的很多加密文档都要用到数学知识，比如上面故事中的"字验"，就是一种最简单的加密方法。用专业的话说，就是通过密码技术对报文进行加密，将密钥作为变换工具，经过加密处理后所输出的文件叫作密文，原始文件叫明文，而密码分析就是对密码进行破译。

常用的密码有摩斯密码、栅栏密码、猪圈密码、凯撒密码等。

盘陀路走迷宫

话说杨雄、石秀上梁山求救，刚说到时迁盗鸡，晁盖就大喝一声："将此二人推出去斩了！"原来晁盖不耻时迁他们偷鸡摸狗的行径，觉得有辱梁山好汉的威名，不想跟这种人同流合污。

宋江劝住了晁盖，毕竟偷鸡的是时迁，不是杨雄和石秀，当务之急，还是要想办法与跟梁山作对的祝家庄周旋。宋江便请命带一支人马去攻打祝家庄，既可以扬梁山的威名，对其他对手形成威慑，还能夺下许多粮食供应山寨日常开销，真是一举多得。

为了探明敌情，宋江派石秀、杨林二人乔装打扮暗中侦察。

石秀扮的是樵夫，他挑着柴在村子里来回穿梭，见各家各户都把刀枪插在门前，俨然是高度备战的状态。石秀还从一位老大爷那里打听到祝家庄有一条要道——

　　盘陀路，地形十分复杂，外人到此，若不识路径，很快就会晕头转向。

　　石秀假装凄惨，说自己不识路，又必须走街串巷，把所有柴禾都卖光才能回家。老大爷动了恻隐之心，把盘陀路的地形图呈现出来：

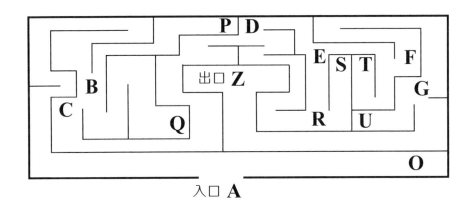

入口 A

石秀有过目不忘的本领，只看一眼就记住了地形图，捎带着连走出去的路线都想好了：

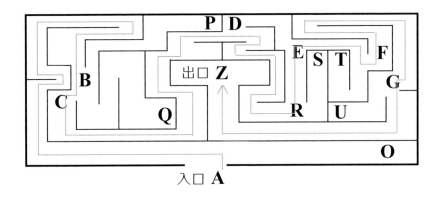

入口 A

石秀正高兴，忽听身后响起一阵吵闹声，回头一看，只见杨林被一伙庄丁绑了！石秀还算镇定，当即问老大爷出了什么事情，老大爷打听回来对石秀说："这是个梁山贼人，扮作一个法师来到村中，不认得路，乱走一气，就被抓了。今日天色已晚，你就在我家住下，等明天没事了，你再离开。"

再说宋江这边，等了许久不见石秀、杨林回来，便再派欧鹏前去打听。欧鹏去不多时，回来报告，说庄上抓住了一个奸细！

宋江一听便急了，料想石秀、杨林必然有失。于是点起军马，让李逵当先锋，李俊殿后，朝祝家庄奔去。

李逵来到祝家庄前，高声叫骂了半天，却不见祝家庄出来一兵一卒。

宋江随后赶到，见此情景，猛然醒悟：坏了，我太急躁了，这里必定有埋伏！

只听得祝家庄里一声号炮，独龙冈上亮起无数火把，祝家庄城楼上箭如雨点一般射了下来。宋江想要退军，后面李俊来报：归路全被堵死了！

不一会儿，宋江的人马就走上了盘陀路，不停在原地转圈，伤亡很大。

危急关头，石秀现身，把自己记的地形图告诉宋江，总算把大家安全带离了祝家庄。

走迷宫的基本原则

上文的迷宫图形中，标出了若干字母，这是要特别当心的碰壁处或岔路口。

走迷宫时，必须防止每一段路走两次以上，或者在一个地方反复兜圈子。

为了防止每一段路走两次以上，需要采用下面两条原则：

（1）碰壁回头走。

（2）走到岔路口，总是靠着右壁走。

比如在上文的迷宫图上，你走到 D 点，按照原则，你就要往 R 走，然后往 S 走，碰了壁折回到 R，这时，靠右走的路是往 E 走。走到 E 这个岔路口，靠右走是往 F 走。这样就绝不可能在 D、R、E 兜圈子了。

这两条原则仅仅是为了保证走出迷宫，但并不保证不走弯路。如果你能看得清哪条路走得通，哪条路走不通，就不必照这两条原则来做，可以提高效率。比如在盘陀路这个迷宫中，最佳路径就是 A － B － C － D － E － F － G － Z。

宋江第一次攻打祝家庄，没得到丝毫便宜，连"镇三山"黄信也被祝家庄捉了去。宋江想，要破祝家庄，还是得先瓦解"三庄之盟"，于是带了很多礼物去李家庄拜会李应。

李应也精明着呢，知道这个节骨眼不能跟宋江走得太近，万一宋江输了，他可以回梁山，自己可还要面对祝家庄的人，因此装病不见客，只让门徒杜兴招待宋江。

不过，宋江也没白来，得知了三样重要的情报：第一，对方阵营中扈家庄的"一丈青"扈三娘，武艺了得，巾帼不让须眉；第二，要防止对方"走后门"，原来祝家庄有前后两座庄门，必须两面夹攻才能成功；第三，为了不在盘陀路上迷路，只能白天发动攻势，不能夜间进攻。

宋江记挂着被擒的兄弟，回营寨后便分派兵力：第一队，由自己亲率马麟、邓飞、欧鹏、王英做先锋；第二队，戴宗、秦明、杨雄、石秀、李俊、张横、张顺、白胜做后应；第三队，林冲、花荣、穆弘、李逵两旁策应。

宋江带着先锋部队来到独龙冈上，遥见祝家庄前立着两面白旗，上面分别写道：填平水泊擒晁盖，踏破梁山捉宋江。

这是公然挑衅啊！宋江一见，不由得心头火起，立誓打不下祝家庄，永不回梁山泊！

他们来到祝家庄后门，忽然从西边杀出一队人马，为首的是一员女将，此人正是使一对日月双刀的"一丈青"扈三娘。

"矮脚虎"王英一向为自己的身高自卑，这回看到对方阵营中有女流之辈，他可来劲了，主动请缨出战。

王英上来就说："女流之辈也敢上战场？你在灶台前挥挥锅铲便罢了，何必自讨苦吃舞刀弄枪？"

扈三娘冷哼道："我出得厅堂，入得厨房，也上得战场！"说着，扈三娘从怀中掏出一块被手帕包起来的月牙糕，慢慢展开来道："这是我昨晚做的糕点，你若聪明，可知道如何切2刀把这块月牙糕切成6块？"

王英一愣，道："这怎么可能？"

扈三娘把月牙糕往马头上一放，紧跟着挥舞日月双刀，唰唰两刀下去，那块月牙糕真的被分成了6块，而她胯下战马的鬃毛都未曾少一根。

原来月牙糕有厚度，所以扈三娘先从侧面，把刀与地面平行，将糕片成2个摞在一起的月牙，再照准能够露出两个犄角的地方切一刀，切成3节（如下图所示），此时月牙糕就是 $3 \times 2 = 6$ 块了。

王英没料到扈三娘是真正的女中豪杰，统兵打仗的本事一点不输给男子。趁着王英还在琢磨月牙糕的切法，以及回味自己的刀功时，扈三娘赶马过去，一脚把王英踢落马鞍桥，将王英活捉了回去。

紧接着，"铁笛仙"马麟舞起双刀，来战祝龙，"摩云金翅"欧鹏来战扈三娘。就在马麟敌不过祝龙的时候，"霹雳火"秦明赶到，替下马麟，挡住了祝龙。这时候祝家庄的援兵也到了，为首的正是武术教师栾廷玉。

栾廷玉打落欧鹏，又纵马直奔秦明而来。秦明的外号是"霹雳火"，一看就是个急性子，他也不废话，抢起狼牙棒，自下而上地抽向了栾廷玉的大下巴。两人战了有十多个回合，栾廷玉卖个破绽，拨马便走。秦明不知是计，紧紧追来，却不料草丛中拽起绊马索，将秦明连人带马绊翻了，两边埋伏的庄丁围上来，把秦明生擒活捉。

"火眼狻猊"邓飞慌忙来救，前面又拽起绊马索，伸出数把挠钩，结果邓飞也被擒。要不是穆弘、杨雄、石秀、花荣的援军赶到，连宋江都岌岌可危。

不过这一场战役也不能说完败，毕竟靠着"豹子

头"林冲的手段，把扈三娘活捉了。扈三娘是祝彪的未婚妻，扣住扈三娘这个大筹码，至少可以让祝家庄暂时不敢杀害被擒的五位梁山兄弟。

自测题

将一个西瓜切 4 刀，要求切出 9 块。你们知道该怎么切吗？

数学桌面小游戏

找你的小伙伴一起来做这个游戏吧!

游戏准备:

如图所示的钟表图。

游戏人数:

一人、两人或多人。

游戏规则:

把钟表分成三片。让每一片上的数字总和都相等。看看谁分得最快?

参考答案:

11 + 12 + 1 + 2 = 26；

10 + 3 + 9 + 4 = 26；

5 + 6 + 7 + 8 = 26。

思考一下，如果分成 6 片，又该怎么分呢?

自测题答案

　　像"井"字这样，横着切两刀，竖着切两刀，相当于把西瓜切成了九宫格，自然就是九块了。

是谁杀的老虎

话说在宋江攻打祝家庄的同时,在另外一个地点——山东登州府,发生了另外一件事:当时城外山中常有猛虎出没,官府发下文书,责令登州猎户限期捕杀,如果延期就要受罚。在登州府猎户中有一对很出名的亲兄弟,哥哥叫"两头蛇"解珍,弟弟叫"双尾蝎"解宝,别看外号不太雅致——蛇蝎,但兄弟俩的心肠一点不歹毒。正相反,他们都古道热肠,勇于承担责任。

为了不让其他猎户受到责罚,解珍、解宝兄弟站了出来,把猎虎的重任揽到自己身上,明知山有虎,偏向虎山行!兄弟俩也是艺高人胆大,准备好窝弓药箭,又拿上他们最趁手的兵器——浑铁点钢叉,就进了大山。

他们在山里埋伏了两天两夜,却不见老虎的踪影。解珍、解宝依旧很有耐心,继续蹲点守候。到了第三天的四更时分,猛听得窝弓弦响,兄弟二人连忙拿起钢叉，四处寻找，终于发现草坡上有一只老虎中了他们之前设下的药箭，正疼得来回翻滚。二人大喜，抢步上前，老虎见有人来，拼着求生的欲望，连忙带箭逃走。

兄弟俩一路追赶，这老虎也真是凶猛，中的是药箭，还走了一大段路，直到麻醉的药性发作，才一咕噜

滚下山。

解宝走到山崖边上一看，发现老虎正好掉进了毛太公家的后园子里。于是兄弟俩便来到毛太公家中，说明了讨要老虎的来意。毛太公也不推辞，反而很客气，先招呼兄弟俩吃了顿便饭，又喝了茶，吃了水果，用了点心，才把他们带到后园子。

可这后园门的锁，用钥匙怎么都打不开，毛太公便叫庄客取来铁锤，将锁砸开。解珍、解宝走进园中，发现园子里并没有老虎。

解宝眼尖，虽然没找到老虎，但还是发现了疑点——一处草坪上有被庞然大物压平的痕迹，上面还有血迹。兄弟俩分析老虎原来一定是趴在这里，一定是毛太公故意拖延时间，等哥儿俩进园子时，老虎早被人抬走了！

解珍、解宝想明白了这一点，就找毛太公要老虎，毛太公却不承认这老虎是解氏兄弟药杀的，吵来吵去，只好对簿公堂。

解珍、解宝可不知道，老虎早被毛太公派人抬到州衙邀功了，而且州衙里的衙役上下都被打点好了，反污蔑他们兄弟俩到毛太公家强掳财物。

州衙中办案的人叫王正，他就是毛太公的女婿。王正获取到的证词以及判断如下：

（1）毛家庄客说：如果老虎是被药杀的，那肯定是毛太公的儿子毛仲义干的。

（2）毛仲义说：如果老虎是被药杀的，那肯定不是我干的。

（3）毛太公说：如果老虎不是被药杀的，那就是在我家园子里自尽的。

（4）王正说：如果这些人中只有一个人说谎，那么老虎就是自己摔死在毛家园子里的。

那么王正是以什么逻辑来评判的呢？

原来，王正先分别假定陈述（1）、陈述（2）和陈述（3）为谎言的情况下，推断老虎的死亡原因。

证言	陈述（1）	陈述（2）	陈述（3）
如果为谎言	药杀，但不是毛仲义干的	药杀，是毛仲义干的	不是药杀，是自尽的

可以看出，任意两项都是矛盾的，也就是说三个人中不可能有两个或两个以上的人同时说谎，所以只有一个人说谎。

因此根据判断（4），得到结论：老虎就是自己摔死在毛家院子里的。

这个结论毫无疑问判决了老虎归毛太公所有，与解珍、解宝无关。王正只听取了毛家众人的证词，没有听取解珍、解宝的证词，本身就是不公正的。

最终，解珍、解宝被屈打成招，关进了大牢。

自测题

有金、银、铜三个箱子，其中一个箱子里藏着生辰纲三百两银子，三个箱子上都贴着一张官府的封条，封条上的字分别是：（1）生辰纲在金箱子里；（2）生辰纲不在银箱子里；（3）生辰纲不在金箱子里。这三句话只有一句是真的。根据以上条件，你们知道生辰纲在哪个箱子里吗？

　　三个条件中，一眼就可以看出条件（1）和条件（3）是彼此矛盾的，所以必然为一真一假，又因为只有一句真话，所以真话必然在这两句话中，通过排除法得知条件（2）必定为假话，"生辰纲不在银箱子里"是假话，那么反向推出生辰纲就在银箱子里。这就叫"此地无银三百两"。

孙立孙新劫牢和队伍人数的均衡

话说毛家不但强占老虎，还心狠手辣，怕解珍、解宝出狱后会来找麻烦，于是买通牢里的狱卒包吉，想在牢中置兄弟俩于死地！

眼见解珍、解宝就要冤沉海底、死于非命，他们的救星到了。

谁呢？登州大牢中的一个小狱吏——“铁叫子”乐和。乐和不但为人开朗，而且颇通音律，他的外号“铁叫子”便是一种可以随身携带的小型乐器，这种乐器能发出婉转细高的声音。

除此之外，乐和一通百通，将音律与数字联系起来，他的算术也很了得。

有一次牢房改造的任务交给了乐和，如下图所示，要把 7 人套房改成 9 人套房：

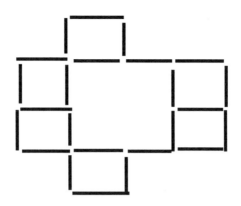

　　牢房总管的要求还很苛刻，为了节约银两，不能增加太多支出，只能挪动现有的围墙。结果乐和仔细计算一番，成功完成了这个任务，如下图所示。

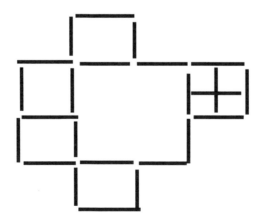

乐和为什么会帮助解珍、解宝呢？最关键的一点是乐和跟解珍、解宝是"八竿子打得着"的亲戚。

原来，乐和的姐姐嫁给了登州兵马提辖"病尉迟"孙立，孙立有个弟弟叫"小尉迟"孙新，孙新的妻子是"母大虫"顾大嫂，顾大嫂正是解珍、解宝的表姐。

乐和知道解珍、解宝是含冤受屈，有心要救他们，但他只是一个小小的狱吏，独木难支！于是乐和把消息带给了孙新和顾大嫂夫妇，夫妇俩就想到了劫狱的初步构思，要实施当然还得再增添人手。他们左右思量，既要找信得过的朋友，又要找有本事的，想来想去终于想到离此不远的登云山中，有叔侄二人聚众落草，叔叔叫"出林龙"邹渊，侄子叫"独角龙"邹润。这两位都武艺高强又仗义，手下还有几个兄弟，一定会出手相助。

大家聚在一起商议劫狱的方法，邹渊连退路都想好了。他有三个好友——"锦豹子"杨林、"火眼狻猊"邓飞、"石将军"石勇，三人都已经在梁山入了伙，等劫狱成功，大家一起投奔梁山。

劫狱当天，顾大嫂暗藏利刃，扮作一个送饭的下人先去牢中，准备里应外合。山寨中的小喽啰，孙新店里

的伙计，孙立的随身亲军共有四十余人，兵分两路：一路由孙立、孙新率领，前去牢中救人；一路由邹渊、邹润率领，前去控制州衙。

不过在两路人的人数上，孙新觉得有问题，因为邹氏叔侄那边比孙氏兄弟这边多了 28 人。接下来，还是乐和出了个主意，他的建议如下。

既然邹氏叔侄那边比孙氏兄弟这边多了 28 人，所以只要把这 28 人进行平分，两路人各取 14 人，就可以使两路总人数相等。

比如假设原先：

邹氏叔侄这路有 36 人；

孙氏兄弟这路有 8 人；

其中 36 − 8 = 28。

调整后：

邹氏叔侄这路有 36 − 14 = 22（人）；

孙氏兄弟这路有 8 + 14 = 22（人）；

所以相当于邹氏叔侄那边分出 14 人给孙氏兄弟这边，两路人就一样多了。

随后，乐和趁顾大嫂送饭的工夫，悄悄给解氏兄弟打开了枷锁和牢房的门。解珍、解宝提起枷板，冲出牢门。

四人逃离了牢房，跟随孙立、孙新杀奔州衙，与邹渊、邹润会合，一路畅通无阻，安全抵达顾大嫂在十里牌开的酒店。

解珍、解宝这些天在牢房里可憋闷坏了，尤其是审讯时受了那么多刑罚，这口气咽不下来，说什么也要找毛太公报仇。于是大家决定去毛太公庄上报仇雪恨，然后再共赴梁山泊。

正好吴用率兵下山，要去祝家庄支援宋江，与他们相遇。孙立正愁空手上山没有见面礼，便拍着胸脯说："那祝家庄的武术教师栾廷玉，恰好是我的同门师兄。我们这一行人只说是从登州调防到郓州，路经祝家庄探望师兄，哄得他打开庄门，然后我们进庄去相机行事，到时候里应外合，大事必成！"

吴用拍掌道："妙计！就等各位英雄建立大功了！"

自测题

有两拨小男孩在踢足球，其中一拨比另外一拨多6人，这时候又来了8个人，要怎么分配才能让两拨人数一样多？

　　首先，其中一拨比另外一拨多 6 人，先把这 6 人进行分配，两拨各取 3 人；

　　其次，考虑新加入的 8 个人，同样平均分成两半，两拨各得到 4 个人，这样两拨人数就一样多了。

　　比如假设原来 A 组有 8 人，B 组有 14 人，B 组比 A 组多 6 人；

　　调整后：

　　A 组有 8 + 3 + 4 = 15（人）；

　　B 组有 14 - 3 + 4 = 15（人）；

　　所以让人数较多的那一拨匀出 3 人给另一拨，再将新加入的 8 个人，每拨分 4 个人，就可以让两拨人数一样多了。

"铁叫子"乐和智破图形密码

解珍、解宝的加入，让刚刚二番吃了败仗的宋江重新鼓舞士气。恰好扈三娘的哥哥扈成带着礼物前来求见，吴用把礼物收了，说道："如果祝家庄有人投奔到你庄上，你就将他擒了送到我们这里，到那时定把令妹送还。"吴用这一招再次瓦解了祝家庄的友军实力。

与此同时，打着登州兵马提辖旗号的孙立一伙成为祝家庄的座上客，潜伏成功。

孙立他们在祝家庄上平安度过两天后，梁山军开始进攻了！祝家庄全伙出动，祝家三子首先出战：祝龙对林冲，祝虎对穆弘，祝彪对杨雄，双方杀了个难分难解，不分胜负。

按照军师吴用的计谋，这时候由孙立出马。只见孙立提枪扬鞭，来到两军阵前耀武扬威，梁山军这边石秀出战，两人战了五十回合，孙立突然放出大招，走马生擒了石秀。梁山军不慌不忙地鸣锣收兵了。

这一战自然孙立的功劳是最大的，同时也消除了祝家庄对孙立的几分怀疑。

第二天，梁山军分四路攻打祝家庄，栾廷玉和祝家三子分别迎敌，他们已经充分相信了孙立，所以把在吊桥上守护接应的重任交给了孙立。他们可不知道，这是把老窝拱手让人了啊！

祝家庄的好手都出战了，庄内空虚，乐和便趁机来到关押之前被擒住的梁山好汉的牢房外。不料栾廷玉还留了一手，给这牢房设置了很难打开的机关锁，如下图所示：

	24	63	24	21	
	※	※	※	√	33
	√	○	√	×	?
	×	○	×	×	33
	√	√	√	※	27

乐和见多识广，知道这种机关锁顶上的数字为每列图形代表数字之和，右边的数字为每行图形代表的数字之和，而且需要在"？"处输入正确的数字，才能开锁。

乐和推算起来，先看第三列和第四列：

※ √ × √ = 24 （1）

√ × × ※ = 21 （2）

（1）－（2）得到：

√ － × = 3，

√ ＝ × ＋ 3。

再看第二行，即问号行：

√○√ × = ?

把 √ = × + 3 代入该行：

× ○ × × + 3 + 3 = ?

其中的 × ○ × × 正好和第三行一样，所以可知这几个图形的和是33，

即 33 + 3 + 3 = ?

算出 ? = 39。

再看第一行和第四行：

※※※ √ = 33 （3）

√√√ ※ = 27 （4）

（3）－（4）得到：

2（※ － √）= 6，

※ － √ = 3，

※ = √ + 3。

把 ※ = √ + 3 代入第四行：

4 √ + 3 = 27，

√ = 6。

则 × = 3，※ = 9。

把 × = 3 代入第三行：

$\bigcirc + 9 = 33$，

$\bigcirc = 24$。

所以密码锁的"？"处应该填 39，"√""○""※"
"×"各代表 6、24、9、3。

乐和把锁打开，牢房中的七条好汉一齐杀出来。解
珍、解宝又在后门放起火，顷刻间祝家庄烈焰熊熊，火
光冲天！

祝家庄的四路人马看到庄上火起，都掉头回去想要
救火。祝虎最先赶到吊桥边，却被孙立大喝一声，拦住
去路。祝虎这才明白孙立是卧底的奸细，刚要回马，背
后吕方、郭盛双戟并举，祝虎死于非命。

后面的祝龙一见，急忙赶往后门，解珍、解宝正埋
伏在这里。祝龙急转身，正遇上黑旋风李逵，被李逵几
记板斧就劈得找不到北了。

前后门都受阻，祝彪只好投奔扈家庄，却被扈成打
败，让庄客绑了他，送往宋江的大营。

至此，宋江三打祝家庄以梁山军的胜利告终。

时迁巧破猪圈密码

话说徐宁是东京禁军金枪班教师，常随侍御驾，家传金枪法、钩镰枪法，独步天下，绰号"金枪手"。他和"金钱豹子"汤隆是姑表兄弟。

"金枪手"徐宁有两件宝贝，一件是钩镰枪，一件是雁翎甲。钩镰枪在大破连环马之战中尽显威风，而雁翎甲又叫雁翎圈金甲，一直传说于众人口中。据汤隆描述："这是一副雁翎制作的圈金甲……披在身上又轻又安全，刀剑箭矢都不能穿透……"

徐宁自己也说："王太尉曾许我三万贯钱，我都不舍得卖与他。"可见这是一副轻便、坚固而且非常珍贵的宝甲。

那么梁山好汉为何想要雁翎圈金甲呢？原来"双鞭"呼延灼正在征讨梁山，以连环甲马冲阵，使得梁山军队陷入苦战。汤隆提出用钩镰枪可破连环甲马，并推荐徐宁，还建议用徐宁爱逾性命的家传之宝"雁翎圈金甲"诱其上山。林冲与徐宁有旧交，也盛赞此人了得。军师吴用最擅长用人，便让"鼓上蚤"时迁前去盗取宝甲。

于是时迁来到东京，先找了个客店安身，准备停当之后，便出门打听徐宁的住址，紧接着便来到徐宁家附近观察地形，设法掌握徐宁的作息时间。

一段时间的侦察打探后，时迁了解到徐宁家白天都有人在，而天刚拂晓之时正好动手，那时徐宁刚走，而天又没大亮，徐宁的家人还在睡觉。

于是，时迁等到拂晓时分，先爬上徐宁家门前的一棵大柏树，将自己隐身在浓枝茂叶中，然后目不转睛地向下观察动静。不多时，徐宁吃完了早饭，两个丫鬟举着灯火，将徐宁送出大门外。

这是个稍纵即逝的好机会，时迁身轻如燕，先翻过院墙，再三步并作两步，跃上二楼的书房外。他踩在窗台上，轻轻推开上半扇窗户，爬进去，一伸手搭住屋梁，迅速爬到屋梁正中，在他脚下就是徐宁存放雁翎圈金甲的大木柜，只不过要开木柜，还需要破解机关锁。

机关锁需要四位数字才能解开，破解的关键就在书房中。

时迁在书房里寻找半天，总算找到一幅字画，上面写的都是数字：

另外，在一张四条屏上，找到了按顺序排列的四个图案：

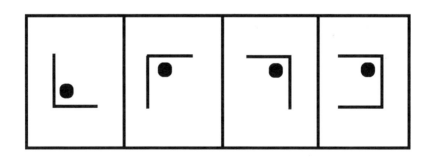

时迁思量许久，终于想出了机关锁的四位数密码是5942。

原来这个机关锁用到了猪圈密码。

屏上的符号图案对应到字画上的图案，就能找到对应的数字。需要格外注意的是，字画中的小圆点不是很明显，为解密增加了难度。

要先把字画变成跟条屏对应的符号：

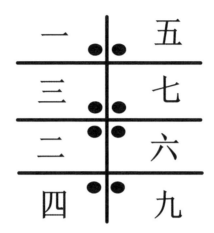

接下来，就迎刃而解了。

时迁打开机关锁，从大木柜里面取出了雁翎圈金甲。

自测题

　　警方在一个跨国间谍的房间里发现一些奇怪的符号，如下图（1）所示，警方从目前掌握的情报来看，有三个字母代表对方的接头人代号。另外，警方在写字台一角用剩下的即时贴上发现了几个图形的印痕，如图（2）所示。你们知道接头人的代号是什么吗？

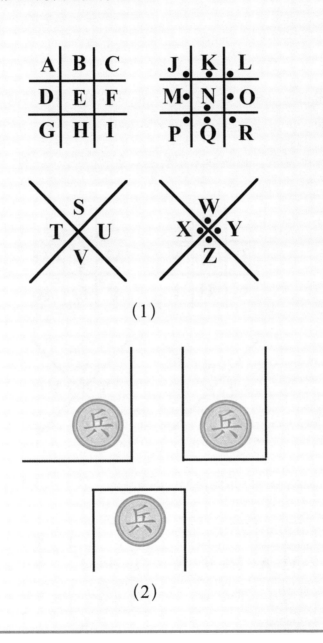

（1）

（2）

猪圈密码

又叫共济会密码（共济会常常使用这种密码保护一些私密记录或用来通讯），是一种以格子为基础的简单替代式密码。即使使用符号，也不会影响密码分析。所以这种密码并不复杂，破解起来很容易，但需要有对应的密码表。

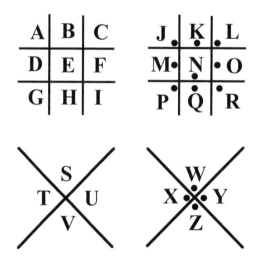

通过不同的猪圈造型，加上小点，就可以做出几套密码。

X MARKS THE SPOT

　　这道题里出现的密码同样是猪圈密码，棋子"兵"代表密码表里的小黑点，再根据围住"兵"的分割线，找到密码表中对应的三个字母是 J、Q、K。所以接头人的代号是 JQK。

马走连环

话说徐宁的雁翎圈金甲被时迁盗取后，为了追回祖传四代的宝贝，徐宁不得不听从汤隆的建议，一起上梁山。

正好钩镰枪都已经打造完毕，宋江便请徐宁教授大家钩镰枪法，这就如同有了钓竿，如果不懂钓鱼之法，还是钓不到鱼一样。徐宁提起一杆钩镰枪，舞动如飞，狂挑枪花，或钩或戳或扫或扎，无不神出鬼没，真是行家一出手，便知有没有，看得梁山众好汉无不鼓掌叫好。

闲暇之时，宋江知道徐宁喜欢下棋，便陪他对弈，好让徐宁更快地融入梁山泊这个温暖的大家庭中。

宋江很快发现，徐宁在下棋时就把连环马的招数发挥得淋漓尽致。

比如，下页图中，这是一招连环马，从半张棋盘的左上角（1，1）出发，向右下角（5，9）跳去，徐宁一下子就能找到连环马用最快步数到达目的地的方法：

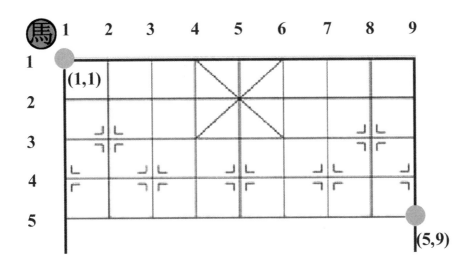

即连环马最快用 4 步就能到达目的地：（1，1）——（2，3）——（3，5）——（4，7）——（5，9）。

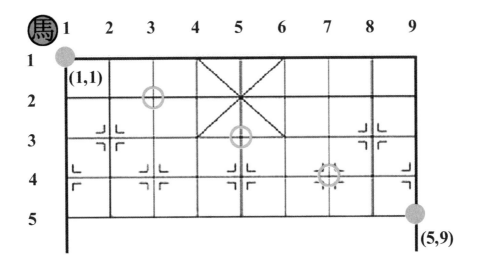

　　自此，徐宁每天教大家钩镰枪法。徐宁教授有法，大家学得也很认真，学习进度很快，半个月过去，梁山众好汉基本学成了钩镰枪法。

　　有鉴于连环马阵的巨大威力，在决战之日的前一天，宋江、吴用、徐宁制定出了详细的破解战术：

　　第一，组成破阵小队，每一队二十人，其中十名钩镰枪手、十名挠钩手，尽皆埋伏在指定地点的芦苇荆棘丛中，形成埋伏圈。

　　第二，来日交战之时，梁山军派出十队步军先行出战，不必真打，而是且战且退，将敌方的连环马队引入埋伏圈中。

第三，等敌军人马进入埋伏圈后，让"轰天雷"凌振率领炮兵施放号炮，用炮声的威慑力使得连环马受惊，让敌人自乱阵脚。

第四，破了连环马阵之后，利用兵种相克的道理，安排马军在前迅速攻击敌人的步军。

第五，稳妥起见，再安排水军众头领守住各处滩头接应，同时防止敌军从水路逃遁。

决战这天，梁山的十队步军先由南、西、北三面杀出，呼延灼和韩滔连忙整装披挂，催动连环马队应战。梁山步军假装士气低迷，只是离远了叫骂，并不真刀真枪地搏杀，只要见到连环马队冲过来，转身掉头就跑，逃入芦苇荆棘丛中。

呼延灼很理智，追到草深之处，环顾四周，怕有埋伏，便想要大军止步。可就在此时，山上响起了隆隆炮声，连环马队受了惊，再想用缰绳勒住已经来不及了，一路跟随着梁山步军，闯入了埋伏圈深处。但听得周围呼哨声此起彼伏，钩镰枪手齐出，勾住了连环马队所有战马的马脚，使得整个马队人仰马翻！

紧接着，挠钩手便用挠钩将马上的官兵一个个钩住甲扣或脖领子，拖下马来。之前诈败的步军也翻身杀了个"回马枪"，将马队的官兵们绳捆索绑！

眼看着一支支连环马队湮没在芦苇草丛中，呼延灼气得暴跳如雷，五内俱焚！可是，此时梁山马军又杀过来，呼延灼已经回天无力，没有强军可以应对，只能跟韩滔一起夺路而逃，途中又遭遇梁山泊多路人马的堵截追杀。乱军之中，韩滔被刘唐、杜迁擒住。

这一战，只有呼延灼凭借着高强的武艺，单枪匹马杀出了重围。

自测题

假如规定上文中所述的这匹连环马只许向右跳（可上，可下，但不允许向左跳），正好用 8 步到达目的地，该怎么走呢？

找你的小伙伴一起来做这个游戏吧!

游戏准备:

棋盘和棋子。

为了方便游戏,你可以根据书中的棋盘样式,自己在白纸上画一个更大的棋盘。

红	后路	中路	前路	前路	中路	后路	黑
1							1
2							2
3							3
4							4
5							5

棋子每方都是 15 枚,"骑、枪、步、弓、炮"各 3 枚,分别代表骑兵、枪兵、步兵、弓兵和炮兵。

棋子可以用国际象棋、中国象棋、军棋、跳棋的棋子代替,当然你也可以用卡纸或橡皮制作棋子,发挥你的想象力和动手能力来制作棋子吧!

游戏人数：

两人。

游戏规则：

先说棋子相克公式：

骑兵＞步兵＞枪兵＞骑兵；

弓兵可以隔一个棋子杀死对方任意一个士兵。

炮兵可以隔一个棋子或两个棋子杀死对方任意一个士兵。

注意：弓兵和炮兵在中间没有间隔棋子的情况下，无法完成开弓或开炮动作。

骑兵、枪兵、步兵只有身处前路位置时，才可以杀敌，满足站位和无阻挡条件时，他们都可以杀死弓兵和炮兵。（所以在可以互杀之时，要看谁是先手。）

弓兵和炮兵在前路、中路、后路均可以杀敌（当然还要同时满足间隔棋子的条件）。

注意：棋子相同时，比如枪兵对枪兵，谁也杀不死谁，可以利用这种规则，挡在前面，保护自己后方的棋子。

布棋阶段：

红先黑后，红方摆完第一个棋子，黑方摆第一个棋子，然后红方摆第二个棋子，黑方再摆第二个棋子。以此类推，直到棋盘摆满棋子。

双方都应该根据对方现在棋子的布置情况来思考后面己方的棋子如何摆放，以形成可能的战局优势，但是已经摆定的棋子不许变更位置，而且摆棋只能摆在己方的 15 个格子中。

红	后路	中路	前路	前路	中路	后路	黑
1	骑	弓	步	骑	骑	弓	**1**
2	弓	弓	步	骑	步	弓	**2**
3	炮	炮	步	枪	步	弓	**3**
4	炮	枪	骑	枪	步	炮	**4**
5	枪	枪	骑	枪	炮	炮	**5**

比如上图这种布棋形势，黑方在前路上就比较压制红方，可能赢的概率比较大，但是红方 3 路的双炮可能很快就把 3 路这条兵线封死。比如先用 3 后路的炮干掉黑方 3 前路的枪，此时不管黑方是否用 3 后路的弓杀 3 前路的步，3 中路的炮都可以隔着两个棋子把黑方的弓干掉，所以具体战局如何也不一定，还要看中盘以后双方的战术。

走棋阶段：

红先黑后。

走棋分为两种动作，一种是吃棋，即把对方棋子吃掉；另一种是将某一棋子移动一格。注意：所有棋子只能往前移动或上下移动，不能后退，而且不能移动到对方阵营，也就是最多只能移动到己方的前路这一列。

因为一开始棋盘布满棋子，没有可供移动的空格，所以只能吃棋。吃棋时，己方棋子不动，对方被吃掉的棋子移出棋盘。

骑兵、枪兵、步兵只有身处前路位置时，才能按照兵种相克的公式，吃对方棋子，但与对方距离远近无关，只要保持在同一条兵路上。

弓兵和炮兵恰恰只能隔着棋子才能吃到对方棋子，中间间隔的棋子不论是己方还是对方的都可以，而且弓兵和炮兵即使在中路和后路上，也可以吃棋。

走棋时不论吃棋还是移动棋子都算一步，选择吃棋就不能再移动棋子，选择移动棋子就不能再吃棋。

胜负判定：

将对方棋子全部吃光，或者到某一阶段，判断谁的棋子更多，谁胜。

规则调整：

如果在游戏时，你们觉得有哪些规则需要改进，或者为了游戏更好玩，可以自己添加新的规则，比如当进入僵局状态时，可以规定所有棋子都可以过河，甚至可以斜线吃棋。

　　总之，规则是死的，人是活的，开动脑筋，让这个游戏变得更好玩吧！

自测题答案

　　如下图所示：(1，1) —— (3，2) —— (5，3) —— (3，4) —— (1，5) —— (3，6) —— (5，7) —— (3，8) —— (5，9)。

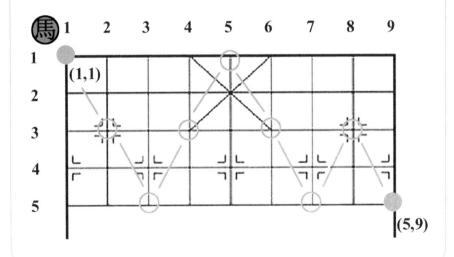

公孙胜芒砀山摆八卦阵

话说徐州沛县芒砀山中有一伙强人，聚集着三千人马。为首的是个道士，叫作"混世魔王"樊瑞，此人颇通道法，手下还有两个副将，一个叫作"八臂哪吒"项充，一个叫作"飞天大圣"李衮（gǔn）。他们四处扬言要来吞并梁山泊大寨！

那时"九纹龙"史进等人因为初到山寨，还没有立功，便主动向宋江请命，要引本部人马前去收捕这伙强人。

这次行动并不顺利，芒砀山的强人果然很强，手下人马全都能娴熟地使用盾牌护身，行动迅捷。霎时之间，便杀入梁山军阵中，将史进部下人马冲杀得七零八落！

幸好梁山泊很快派来援军，第一路是"小李广"花荣和"金枪手"徐宁，第二路则是宋江亲自挂帅，还带来了左膀右臂吴用、公孙胜。

梁山三路人马合兵一处，于晚间来到芒砀山下，观察敌人动静。一眼望去，芒砀山中尽是彩色灯笼！并且按照一个黄灯笼、三个红灯笼、两个绿灯笼、四个蓝灯笼的顺序在山路上一字排下去，一共挂了600个灯笼。

吴用有意考考公孙胜，就问："道兄可知道每种颜色的灯笼各有多少个？"

公孙胜的思考过程如下：

先思考一个周期有多少个灯笼？

一个周期是一个黄灯笼、三个红灯笼、两个绿灯笼、四个蓝灯笼，即 $1 + 3 + 2 + 4 = 10$ 个灯笼；

用总灯笼数600除以每个周期灯笼数10，得到 $600 \div 10 = 60$ 个周期；

所以，

黄灯笼有 $1 \times 60 = 60$ （个），

红灯笼有 $3 \times 60 = 180$ （个），

绿灯笼有 $2 \times 60 = 120$ （个），

蓝灯笼有 $4 \times 60 = 240$ （个），

验算一下，60 + 180 + 120 + 240 = 600，符合观察到的情况。

所以总共有 60 个黄灯笼、180 个红灯笼、120 个绿灯笼、240 个蓝灯笼。

众人看罢，公孙胜胸有成竹地笑道："这黄、红、绿、蓝四色灯笼乃是道家之物，想来芒砀山寨之中，必有精通道法之人。贫道已有办法，可擒此三人！"

宋江连忙问道："先生有何妙计？"

公孙胜答道："汉末三国之时，诸葛孔明曾经在鱼腹浦摆下一个石阵，困住了东吴大将陆逊所率的十万人马，此石阵便是名满天下的八卦阵！来日鏖战之时，贫道也要摆下此阵，共分为乾、坤、巽、震、坎、离、艮、兑八门；将芒砀山人马引入阵中，以七星号带为令，将阵变为长蛇之势，困住樊瑞三人；然后将他们逼入坎地，在那里预先挖掘一个陷坑，两边埋伏下挠钩手，必可将三人一举擒获！"

公孙胜说着拿出了八卦阵图，如下页图 1 所示。

宋江好奇地问："好奇怪的阵，那么究竟如何才能破阵呢？"

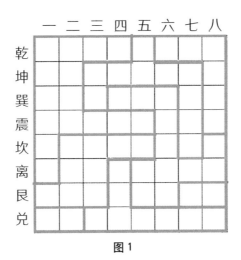

图1

公孙胜说："要想破阵，除非他们能找齐八个阵眼，任意两个阵眼不能在同一行、列或相邻的对角上，每行、每列及每个阵区（蓝色粗线条围起来的区域）都只有一个阵眼。"

八卦阵的八个阵眼如图2所示：

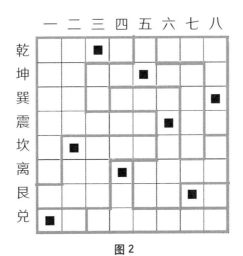

图2

宋江拍掌道："恐怕除了先生，或是孔明复活，无人能找齐阵眼。"

"而且就算找到了阵眼，还要打败守阵眼的我方大将才行。"

第二天，公孙胜在芒砀山摆下八卦阵，特意令呼延灼、朱仝、花荣，徐宁、穆弘、孙立、史进、黄信这八员猛将分别守住八个阵眼。宋江、吴用、公孙胜带领陈达指挥变阵，柴进、吕方、郭盛护卫中军，朱武、杨春暗藏在附近一处高坡上观敌压阵，随时传送旗语。

这种旗语是由红、黄、蓝三种颜色的三面旗子组成，每次打旗语，三面旗子都会用到，只不过排列的顺序不同。

那么梁山军队的旗语共有多少种排列方式呢？

原来，三色旗子的旗语共有 6 种排列方式：

红黄蓝；

红蓝黄；

蓝红黄；

蓝黄红；

黄红蓝；

黄蓝红。

樊瑞虽颇通道法，却并不懂阵法。他原本想着让项充、李衮率领五百滚刀手率先杀入梁山军阵中，自己再率领其余人马对梁山军形成反包围，如此一来，里应外合，便可取胜！

可是令他们没有想到的是，梁山军不仅没有上前迎战，反而两下散开，让出了一条大路。等项充、李衮的人马全部进阵之后，梁山军又迅速合拢，关闭了阵门！樊瑞刚想率领人马随后接应，梁山军阵中的公孙胜早已令陈达扬起了七星号旗！

这号旗就是变阵的命令。一时间飞沙走石，烟尘滚滚，刚才摆下的八方阵势，一转眼就变成了长蛇之阵。项充、李衮在阵中左冲右突，却处处临敌，始终找不到一条出路。他们哪里知道，不远的高坡之上，朱武手中的小旗，正随着他们的行动，不停地转动呢。

随着朱武手中小旗的指向，梁山军的长蛇之阵，宛如一条巨蟒，将项充、李衮率领的人马紧紧地缠绕着，并且越缠越紧，渐渐将他们逼入了坎地。项充、李衮正在心慌之际，忽然一脚踩空，跌入陷坑，早有挠钩手将

二人牢牢钩住，绑了起来。

回营寨后，宋江亲自倒了两杯酒，递到项充、李衮面前："久闻二位壮士的大名，我早就想以礼相请，不如一起同到梁山，共聚大义。"

项充、李衮慌忙拜倒在地："我等既然被擒，理当受死，不想公明兄如此义气，反而以礼相待。我二人愿意投效！不仅如此，我们还要劝说樊瑞来降。"

随后，樊瑞果然也被劝降了。梁山的声势就此进一步壮大。

自测题

1. 学校准备开儿童节联欢会，需要在大礼堂悬挂彩旗，要求按照 3 面黄旗、2 面红旗、1 面绿旗、5 面蓝旗、4 面橙旗、1 面白旗的顺序悬挂，一共挂了 256 面旗。你们知道各色的旗子各有多少面吗？

2. 喜欢收藏雕塑品的果珍，家里有金、银、铜、铁四种材质的小猫塑像，要把它们放在多宝阁里，可以有几种排列方式？

排列组合

排列，指从给定个数的元素中取出指定个数的元素进行排序。组合，指从给定个数的元素中仅仅取出指定个数的元素，不考虑排序。

排列组合的中心问题是研究给定要求的排列和组合可能出现的情况总数。排列组合与古典概率论关系密切。

全排列就是从给定元素中取出的是所有元素，所以上面无论是文中三种颜色的旗子，还是自测题中四种材质的小猫塑像，都是全排列。3 个数的全排列是 $3 \times 2 \times 1 = 6$；4 个数的全排列是 $4 \times 3 \times 2 \times 1 = 24$。

如果红、黄、蓝三个颜色的小球任取两个装到一个袋子中，会有多少种组合呢？答案是红黄、黄蓝、红蓝三种，而不必考虑两个球的顺序，比如红蓝和蓝红是一样的，但是排列时就要考虑它们的顺序。

汉字有那么多个，但只是由横、竖、撇、捺、折等几个基本笔画在二维空间中排列而成的；英文单词那么多，也只是由 26 个字母排列而成的。你们看，数学是不是很重要？

1. 先思考一个周期有多少面旗子：一个周期是 3 面黄旗、2 面红旗、1 面绿旗、5 面蓝旗、4 面橙旗、1 面白旗，即：3 + 2 + 1 + 5 + 4 + 1 = 16 面旗子；

用总旗子数 256 除以每个周期旗子数 16，得到 256÷16 = 16 个周期。

所以黄旗有 3×16 = 48（面），红旗有：2×16 = 32（面），绿旗有 1×16 = 16（面），蓝旗有 5×16 = 80（面），橙旗有 4×16 = 64（面），白旗有 1×16 = 16（面）。

验算一下，48 + 32 + 16 + 80 + 64 + 16 = 256 面，符合题意。

所以总共有 48 面黄旗、32 面红旗、16 面绿旗、80 面蓝旗、64 面橙旗、16 面白旗。

2. 金、银、铜、铁四种材质的小猫塑像共有 24 种排列方式：金银铜铁、金银铁铜、金铜银铁、金铜铁银、金铁银铜、金铁铜银、银金铜铁、银金铁铜、银铜铁金、银铜金铁、银铁金铜、银铁铜金、铜金银铁、铜金铁银、铜银铁金、铜银金铁、铜铁金银、铜铁银金、铁金银铜、铁金铜银、铁银铜金、铁银金铜、铁铜银金、铁铜金银。

梁山泊水陆双运粮

话说彰德府人氏张清，绰号"没羽箭"，原为东昌府守将，最擅长用飞石打人。

"没羽箭"这个绰号出自西汉"飞将军"李广射石的典故。据《史记·李将军列传》记载，李广在一次打猎时，因为距离猎物太远，误将草丛中一块影影绰绰的大石头当成浑身有斑纹的老虎，于是一箭射去，结果"中石没镞"。

"中石没镞"是什么意思呢？就是箭射得又准又狠，竟连箭尾端的箭羽都射进了石头中，可见功力之深。

梁山好汉花荣的射术名动天下，他的绰号就叫"小李广"。张清的绰号既然是"没羽箭"，也出自李广射石的典故，因此其射术跟花荣可说是平分秋色，只不过他用的不是弓箭，而是飞石，石头可以随地取用，比弓箭更加方便。

张清登场时，也确实展露出过人的武功。

当时是"及时雨"宋江与"玉麒麟"卢俊义分兵两路攻打东平府和东昌府，约定先攻下城池者为梁山总头目。卢俊义率军前往东昌府，结果首阵便被敌军将领张清以飞石打伤"井木犴"郝思文。次日再战，敌军将领"中箭虎"丁得孙又用飞叉击伤"八臂哪吒"项充。卢俊义连输两阵，只得向已经攻破东平府的宋江求救。

宋江闻讯转战东昌府。张清"一招鲜吃遍天"，继续施展飞石绝技，连打"金枪手"徐宁、"锦毛虎"燕顺、"百胜将"韩滔、"天目将"彭玘、"丑郡马"宣赞、"双鞭"呼延灼、"赤发鬼"刘唐、"青面兽"杨志、"美髯公"朱仝、"插翅虎"雷横、"大刀"关胜、"双枪将"董平、"急先锋"索超等梁山十五员战将，并将刘唐捉回城中。但"花项虎"龚旺、"中箭虎"丁得孙却被梁山军生擒。宋江为此割袍立誓，定要活捉张清。

军师吴用为引诱张清出城，设下一个诱敌之计，命人从水陆两路运送粮草。

张清接到探马报告：梁山泊正派人从山寨往营地粮库运粮，有两条运粮路线，其中水路比陆路近 40 里。

巳时整，一艘运粮船以每时辰 24 里的速度从山寨向营地粮库行驶；申时整，一辆运粮马车以每时辰 40 里的速度从山寨向营地粮库行驶。运粮船和运粮马车将同时到达营地粮库。

张清自以为足智多谋，当即笑道："根据探马所报，我已经知道从梁山泊山寨到营地粮库的水路和陆路两条运粮路线各有多长以及它们到达营地粮库的准确时间！"

张清是怎么推算出来的呢？

原来，他先仔细分析探马报告的情况：水路是巳时出发，陆路是申时出发，两者同时到达，说明水路比陆路多用了 3 个时辰；又知道水路比陆路近 40 里，则根据速度 × 时间 = 距离，可以列出下面的等式：

24 ×（陆路用时 + 3）= 陆路距离总长 - 40；（1）

40 × 陆路用时 = 陆路距离总长；（2）

把（2）式代入（1）式，

得到：24 ×（陆路用时 + 3）= 40 × 陆路用时 - 40；

24 × 陆路用时 + 72 = 40 × 陆路用时 - 40；

112 = 16 × 陆路用时；

解得：陆路用时 = 7（时辰）；

则陆路距离总长 = 40 × 陆路用时 = 40 × 7 = 280（里）；水路用时 = 陆路用时 + 3 = 10（时辰）；水路距离总长 = 陆路距离总长 - 40 = 240（里）；巳时 + 10 = 卯时（第二天）；申时 + 7 = 卯时（第二天）。（注意：古时一天只有 12 个时辰，过了子夜就是第二天了。）

所以从梁山泊到营地粮库的水路和陆路分别是 240 里和 280 里，到达营地粮库是第二天的卯时。

张清自信满满，想着梁山泊运粮的时间较长，还要

经过大半夜，很适宜劫粮，却不知自己已经中计。他于子时三刻带兵出城劫粮，先以飞石击伤鲁智深，劫走了陆路的粮草。张清太过贪心，又要去劫取水路粮草，却被林冲率铁骑逼落水中，最终被深习水性的阮氏三兄弟生擒。

梁山众好汉很多人都遭到过张清的飞石暗算，觉得太没面子，纷纷要求将张清处死。宋江却力排众议，义释张清，并折箭为誓。

张清死里逃生，自然心悦诚服地归降梁山，并引荐了兽医皇甫端。后来，龚旺、丁得孙也归降梁山，一百单八将至此聚齐。

自测题

果脯家到学校比果冻家到学校近 1000 米，早上 7 点，果脯以 100 米 / 分钟的速度步行去学校，5 分钟后，果冻也出了家门，以 2 倍于果脯的速度步行去学校，两人在校门口相遇。你们知道两人家到学校各有多远吗？两人在校门口相遇时是几点呢？

果脯用的时间为果冻用时＋5分钟，果脯家到学校比果冻家到学校近1000米，

根据速度×时间＝距离，列出下面的等式：

100×（果冻用时＋5）＝果冻家到学校距离－1000；（1）

100×2×果冻用时＝果冻家到学校距离；　　　　　　（2）

把（2）式代入（1）式，

则100×（果冻用时＋5）＝200×果冻用时－1000；

解得：果冻用时＝15（分钟）；

则果冻家到学校距离＝3000（米）；

果脯用时＝果冻用时＋5＝20（分钟）；

果脯家到学校距离＝果冻家到学校距离－1000＝2000（米）；

7点＋20分钟＝7点20分；

7点05分＋15分钟＝7点20分。

所以果冻家到学校距离总长是3000米，果脯家到学校距离总长是2000米，两人在校门口相遇时是7点20分。

"浪子"燕青巧分房

话说燕青又名燕小乙，绰号"浪子"，原为富户"玉麒麟"卢俊义的心腹家仆，后来又随卢俊义上了梁山，在天罡三十六将中排名末位。

燕青文武双全，多才多艺。这天，他听到一个小道消息：有个相扑好手，是太原府人氏，姓任，名原，身长一丈，自号"擎天柱"。任原口出狂言道："相扑世间无对手，摔跤天下我为魁。"这两年来任原在泰安州的庙会上摆设擂台，比赛相扑摔跤，的确不曾有对手。

燕青是好武之人，同样精通相扑，心气又高，便有了与任原一决高下的心思。于是燕青向宋江请命参加打擂："小乙我自幼跟随卢员外学得这身相扑功夫，江湖上不曾遇到对手，今日幸遇此机会，小乙不带一兵一卒，自去擂台上，好歹摔他一跤。若是输了就算摔死，我也无怨无悔；万一赢了，也给宋哥哥增些光彩。"

宋江很谨慎，说道："贤弟，我听说那个'擎天柱'身长一丈，貌若金刚，有千百斤气力，你这般瘦小身材，纵有相扑本事，如何近他的身？"

燕青胸有成竹地道："不怕他身材高大。常言道：'玩相扑有力使力，无力使智。'不是我小乙说大话，我最擅随机应变、闪转腾挪，绝不会输给那个呆汉。"

一旁的卢俊义也说："我这小乙，智勇双全，在梁山上待久了，反而束缚了他，你就让他去吧，保管凯旋。"

宋江又问燕青行程是怎么安排的？燕青说："今日是三月二十四日了，明天拜辞哥哥下山，路上略宿一宵，二十六日赶到庙会，二十七日在那里打探一日，二十八日正好和那厮打擂。"

宋江便应允了。

于是第二天，燕青扮作货郎的样子，挑一个高肩杂货担子，一手捻串，一手打板，唱着《货郎太平歌》，像模像样地过了金沙滩，直奔泰安州而去。

李逵跟燕青一向交好，他担心燕青独行有什么闪失，半路上追上燕青，非要结伴而行。燕青甩不开李逵，只好答应了。

两人晓行夜宿，很快便来到了泰安州。原来这边的庙会好生热闹，不算一百二十行经商的买卖，光客店就有一千四五百家，接待天下的香客。

两人走了好几家客店，但都住满了，终于在一条僻静的小巷里找到一家未住满的客店，店主正被一个书生模样的客人纠缠着。

店主问书生一行总共有多少人，书生不直说，非要店主猜，他说："如果把我们这伙人平均分成四大组，结果多出一个人；再把每大组平均分成四小组，结果又多出一个人；再把分成的每个小组平均分成四份，结果又多出一个人。当然，所有人数也包括我在内，请问我们这伙人至少有多少人？"

燕青等不及了，索性帮店主解围道："至少85人，对不对？"

书生开心地说："一点不错，就是85个人。"

李逵不解地问："小乙哥，你是怎么算出他们总共是85人的？"

燕青解释道："人数最少的情况下是最后一次四等

分时，每份为一人，由此往前推理得到：第三次分之前有 $1×4+1=5$（人）；第二次分之前有 $5×4+1=21$（人）；所以第一次分之前有 $21×4+1=85$（人）。"

店主又问书生："那你们一行人中男客女客各有多少？"

书生这回没有拐弯抹角，直接答道："男客 55，女客 30。"

燕青暗自感叹，这男女比例至少比我们梁山强，我们一百零八将只有三个是女的，男女比例严重失衡。

店主犯愁了："我们这儿现在只有 3 个 11 人间，7 个 7 人间，以及 3 个 5 人间，你们想怎么住？"

"当然听您的安排了，但必须男女分开，也不能有空床位。"书生说。

见店主想不出来，燕青再次伸出援手，总算帮店主解决了问题。

燕青是如何帮店主解决分房问题的呢？

原来，燕青想到的方案是：

男客住两个 11 人间、四个 7 人间、一个 5 人间，即 $2×11+4×7+5=22+28+5=55$（人）；

女客住一个 11 人间、两个 7 人间、一个 5 人间，即 11 + 2×7 + 5=11 + 14 + 5=30（人）。

相当于总共用了 3 个 11 人间，6 个 7 人间，2 个 5 人间。

因为客店本来只有 3 个 11 人间，7 个 7 人间，以及 3 个 5 人间，这样剩余的 1 个 5 人间给了燕青和李逵，最后客店还剩下 1 个 7 人间。

为此，燕青和李逵得到了一间免费的 5 人间客房，不过其中三张床铺被李逵横着膀子、叉着双腿一个人就占去了。

睡了一晚上，两人早起来到岱岳庙，打听到任原就在迎思桥下。远远地见着了那人的模样，燕青心里就有数了。

隔天就是正式打擂的日子。李逵本来还想带上两把板斧，被燕青阻止了，说这样容易被人看破，误了大事。

两个人混杂在人群中，只见擂台上"擎天柱"任原正晃着膀子、腆着肚子问："有人敢上来跟我比试吗？"

燕青按着两边人的肩膀，口中叫道："有，有！"便从看客的后背上直飞到擂台上。

部署查看了燕青身上没带兵器，宣布相扑比赛正式开始。

燕青和任原在擂台上转了一圈，都没有轻举妄动，小心掂量着对方的身手。

任原看不出眼前这个瘦小青年有何厉害之处，心想对方顶多是往自己下三路招呼，于是便朝燕青冲过去，虚点左脚故意卖个破绽，引诱燕青来攻。燕青叫一

声"少装蒜",身子稳如泰山,根本没有上当。任原又以千斤之力冲到燕青面前,燕青却从任原左胁下穿了过去。任原性起,急转身来拿燕青,被燕青轻轻一跃,又在他右胁上方翻过去。这魁梧大汉转身终是不便,三转两转,头晕目眩,脚步也乱了。

燕青趁机抢上前去,用右手扭住任原左手腕,探左手插入任原右腿窝,用肩胛顶住对方胸脯,"嘿"的一声就把任原这个庞然大物直托起来,借力打力地转了几个圈,刚好转到了擂台边缘,叫一声"下去吧",把任原头下脚上地直掼下擂台。

燕青的这一扑,名唤"鹁鸽旋",现场看客们见了,齐声喝彩。

自测题

这期夏令营共有 20 个男生、11 个女生参加,营地宿舍有 4 个 5 人间、3 个 3 人间、2 个 2 人间,要求男女生不能混住,男女生都至少有 1 个 5 人间用于开会。你们知道该如何分房,且不能有空床位吗?

数学桌面小游戏

找你的小伙伴一起来做这个游戏吧!

游戏准备:

一个六面骰子。

游戏人数:

两人或多人。

游戏规则:

一个人说出古代某一时刻,另一人用六面骰子摇出 1~6 中的一个数字,需要在规定时间内说出加上这个数字得到的新时刻,例如子时加 2 得到寅时,超时或说错都不得分。两个人轮流进行,看最后谁的分数更高。

自测题答案

男生:3 个 5 人间,1 个 3 人间,1 个 2 人间:$3 \times 5 + 3 + 2 = 20$(人);

女生:1 个 5 人间,2 个 3 人间:$5 + 2 \times 3 = 11$(人)。

这样总共用了 4 个 5 人间,3 个 3 人间,1 个 2 人间,且男女生都至少有 1 个 5 人间,符合题意。